教科書ぴったりトレーニング
東京書籍版 理科**1**年

目次

成績アップのための学習メソッド ▶ 2 〜 5

学習内容

ぴたトレ0（スタートアップ）　▶ 6 〜 9

※原則，ぴたトレ1は偶数，ぴたトレ2は奇数ページになります。

[写真提供]

コーベットフォトエージェンシー

成績アップのための学習メソッド

学習のはじめ

ぴたトレ0
スタートアップ

この学年の内容に関連した,これまでに習った内容を確認しよう。
学習のはじめにとり組んでみよう。

日常の学習

ぴたトレ1
要点チェック

教科書の用語や重要事項を
さらっとチェックしよう。
要点が整理されているよ。

ぴたトレ2
練習

問題演習をして,基本事項を身に
つけよう。ページの下の「ヒント」
や「ミスに注意」も参考にしよう。

1回 10分

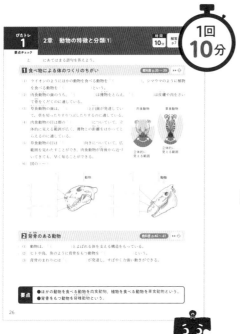

1回 15分

学習メソッド

「わかる」「簡単」と思った内容な
ら,「ぴたトレ2」から始めてもいい
よ。「ぴたトレ1」の右ページの「ぴ
たトレ2」で同じ範囲の問題をあつ
かっているよ。

学習メソッド

わからない内容やまちがえた内容
は,必要であれば「ぴたトレ1」に
戻って復習しよう。▸▸■ のマークが
左ページの「ぴたトレ1」の関連す
る問題を示しているよ。

「学習メソッド」を使うとさらに効率的・効果的に勉強ができるよ！

ぴたトレ3
確認テスト

テスト形式で実力を確認しよう。まずは,目標の70点を目指そう。
「定期テスト予報」はテストでよく問われるポイントと対策が書いてあるよ。

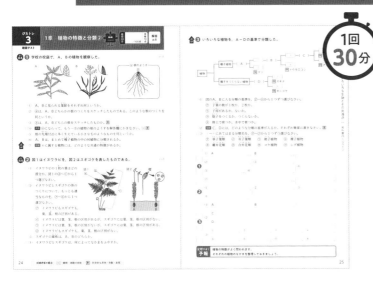

1回
30分

学習メソッド

テスト前までに「ぴたトレ
1〜3」のまちがえた問題を
復習しておこう。

↓

テスト前

定期テスト
予想問題

テスト前に広い範囲をまとめて復習しよう。
まずは,目標の70点を目指そう。

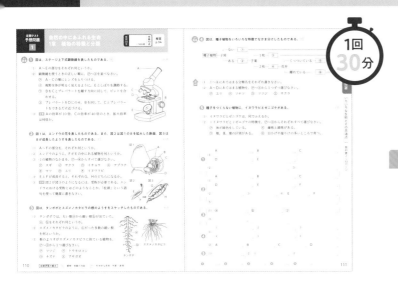

1回
30分

学習メソッド

さらに上を目指すキミは
「点UP」にもとり組み,まち
がえた問題は解説を見て,
弱点をなくそう。

次のページへ続くよ

〔 効率的・効果的に学習しよう！ 〕

✕ 同じまちがいをくり返さないために

まちがえた問題は,別冊解答の「考え方」を読んで,どこをまちがえたのか確認しよう。

効率的に 勉強するために

各ページの解答時間を目安にしてとり組もう。まちがえた問題のチェックボックスにチェックを入れて,後日復習しよう。

理科に特徴的な問題の ポイントを押さえよう

計算 , 作図 , 記述 の問題にはマークが付いているよ。何がポイントか意識して勉強しよう。

観点別に自分の学力をチェックしよう

学校の成績はおもに,「知識・技能」「思考・判断・表現」といった観点別の評価をもとにつけられているよ。
一般的には「知識」を問う問題が多いけど,テストの問題は,これらの観点をふまえて作られることが多いため,「ぴたトレ3」「定期テスト予想問題」でも「知識・技能」のうちの「技能」と「思考・判断・表現」の問題にマークを付けて表示しているよ。自分の得意・不得意を把握して成績アップにつなげよう。

付録も活用しよう

ぴたトレ minibook ✕ 赤シート   📱 中学ぴたサポアプリ

持ち歩きしやすいミニブックに,理科の重要語句などをまとめているよ。スキマ時間やテスト前などに,サッとチェックができるよ。

スマホで一問一答の練習ができるよ。スキマ時間に活用しよう。

〔 勉強のやる気を上げる**4**つの工夫 〕

1 "ちょっと上"の目標をたてよう

頑張ったら達成できそうな,今より"ちょっと上"のレベルを目標にしよう。目指すところが決まると,そこに向けてやる気がわいてくるよ。

ちょっと上に

2 無理せず続けよう

勉強を続けると,「続けたこと」が自信になって,次へのやる気につながるよ。「ぴたトレ理科」は1回分がとり組みやすい分量だよ。無理してイヤにならないよう,あまりにも忙しいときや疲れているときは休もう。

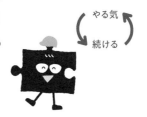

やる気
続ける

3 勉強する環境を整えよう

勉強するときは,スマホやゲームなどの気が散りやすいものは遠ざけておこう。

4 とりあえず勉強してみよう

やる気がイマイチなときも,とりあえず勉強を始めるとやる気が出てくるよ。
わからない問題にいつまでも時間をかけずに,解答と解説を読んで理解して,また後で復習しよう。「ぴたトレ理科」は細かく範囲が分かれているから,「できそう」「興味ありそう」な内容からとり組むのもいいかもね。

わからない
問題
↓
とばして,
後で復習

（　）にあてはまる語句を答えよう。

第2章　植物の分類　教科書 p.27～44

【小学校5年】植物の発芽，成長，結実

□花には，めしべ，おしべ，花びら，がくがある。

□植物のからだは，[1]（　　　　　）・茎・葉からできている。

□めしべの先に，おしべが出した[2]（　　　　　）が

　つくことを受粉という。

□受粉すると，めしべのもとの部分が育って

　[3]（　　　　　）になり，その中に[4]（　　　　　）ができる。

【小学校3年】身のまわりの生物

□植物の[4]が発芽すると，はじめに[5]（　　　　　）が出て，

　その後に葉が出てくる。

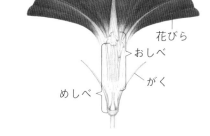

アサガオの花のつくり

第3章　動物の分類　教科書 p.45～61

【小学校3年】身のまわりの生物

□昆虫の成虫のからだは，頭，胸，腹からできていて，

　胸には6本の[1]（　　　　　）があり，

　はねがついているものもいる。

【小学校4年】ヒトのからだのつくりと運動

□ヒトや動物のからだには，[2]（　　　　　）や筋肉，

　関節があり，これらのはたらきによって，

　からだを動かすことができる。

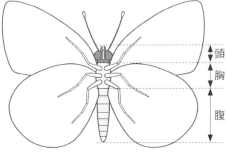

チョウのからだのつくり

【小学校6年】ヒトのからだのつくりとはたらき

□ヒトの[3]（　　　　　）や口から入った空気は，

　気管を通って[4]（　　　　　）に入る。

□空気中の[5]（　　　　　）の一部が，[4]の血管を流れる

　[6]（　　　　　）にとり入れられ，全身に運ばれる。

　また，全身でできた[7]（　　　　　　　　）は

　血液にとり入れられて[4]まで運ばれ，血液から出されて

　はき出す息によって体外に出される。

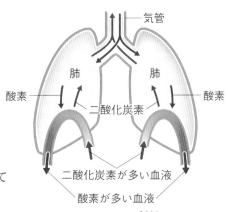

肺での空気の交換

【小学校5年】動物の誕生

□メダカは，受精したたまご(卵)の中で少しずつ変化して，やがて子メダカが誕生する。

□ヒトは，受精してから約38週間，母親の[8]（　　　　　）で育ち，誕生する。母親の体内では，

　[8]のかべにある胎ばんから，へその緒を通して養分などを受けとる。

単元2 身のまわりの物質 の学習前に

( ) にあてはまる語句を答えよう。

第1章　身のまわりの物質とその性質
第2章　気体の性質　教科書 p.75～102

【小学校3年】電気の通り道，磁石の性質

□鉄や銅，アルミニウムなどを ①( ) という。

　①は電気を通す性質がある。

□磁石は ②( ) でできた物を引きつける。

【小学校3年】物の重さ

□物の形を変えても，物の ③( ) は変わらない。

　また，体積が同じでも，物の種類によって③はちがう。

形を変えたときの重さ

【小学校6年】燃焼のしくみ

□空気は，おもに ④( ) や酸素などの気体が混ざってできている。

□ろうそくや木などが燃えると，空気中の ⑤( ) の一部が使われて，

　⑥( ) ができる。

第3章　水溶液の性質　教科書 p.103～116

【小学校5年】物のとけ方

□物が水にとけた液のことを ①( ) という。

　①はすき通っていて，とけた物が液全体に広がっている。

□物が水にとける量には限りがある。水の量をふやすと，

　物が水にとける量も ②( )。

□水の温度を上げたとき，食塩が水にとける量は

　変わらないが，ミョウバンが水にとける量は

　③( )。

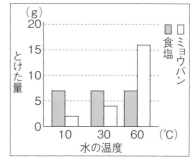

水 50 cm³ にとける量

□①の温度を下げたり，①から水を ④( ) させたりすると，

　水にとけていた物をとり出すことができる。

□ろ紙でこして，固体と液体を分けることを ⑤( ) という。

第4章　物質の姿と状態変化　教科書 p.117～133

【小学校4年】水と温度

□水を熱して 100 ℃近くになると，さかんに泡を出してわき立つ。

　これを ①( ) という。①している間，水の温度は変わらない。

□水は蒸発して，空気中に出ていく。空気中の ②( ) は，冷やされると水になる。

□水を冷やして 0 ℃になると，水は ③( ) になる。水がすべて③になるまで，

　水の温度は変わらない。

( )にあてはまる語句を答えよう。

第1章　光の世界　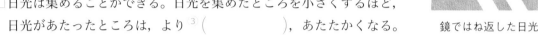教科書 p.145 ～ 162

【小学校3年】光の性質

□日光(太陽の光)は，まっすぐに進む。また，日光は，鏡ではね返す
ことができ，はね返した日光も，①( )に進む。

□虫眼鏡を使うと，小さいものを②( )見ることができる。

□日光は集めることができる。日光を集めたところを小さくするほど，
日光があたったところは，より③( )，あたたかくなる。

鏡ではね返した日光

第3章　力の世界　教科書 p.171 ～ 185

【小学校3年】風やゴムの力のはたらき

□風の力で，物を動かすことができる。風が強くなるほど，
物を動かすはたらきは①( )なる。

□ゴムの力で，物を動かすことができる。ゴムを長くのばすほど，
物を動かすはたらきは②( )なる。

【小学校3年】磁石の性質

□磁石のちがう極どうしは③( )合い，
同じ極どうしは④( )合う。

【小学校6年】てこの規則性

□てこの支点から力点までの距離が⑤( )ほど，
小さい力で物を持ち上げることができる。
また，てこの支点から作用点までの距離が⑥( )ほど，
小さい力で物を持ち上げることができる。

□てこのうでをかたむけるはたらきが支点の左右で等しいとき，
てこは水平になっており⑦( )。

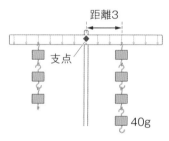

距離3
支点
40g

てこのつり合い

単元4 大地の変化　の学習前に

（　）にあてはまる語句を答えよう。

第1章　火をふく大地　教科書 p.199～212

【小学校6年】土地のつくりと変化

□火山活動によって，火山灰や①（　　　　　）がふき出す

　などして，土地のようすが変化することがある。

□火山の噴火によってふき出された火山灰などが積もり，

　地層ができる。

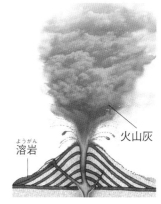

溶岩　　　火山灰

火山の噴火

第2章　動き続ける大地　教科書 p.213～224

【小学校6年】土地のつくりと変化

□がけなどで見られる，しま模様の層の重なりを

　①（　　　　　）という。

□①は，れき・砂・泥・火山灰などが積み重なってできている。

□①にふくまれる，大昔の生物のからだや生活のあとなどが残ったも

　のを②（　　　　　）という。

□地震のときに，大きな力がはたらいてできる土地のずれを

　③（　　　　　）という。

　地震が起こると，地割れが生じたり，がけが崩れたりして，土地の

　ようすが変化することがある。

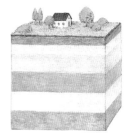

地層

第3章　地層から読みとる大地の変化　教科書 p.225～241

【小学校5年】流れる水のはたらきと土地の変化

□流れる水には，土地をけずったり，土を運んだり，積もらせたりするはたらきがある。

　土地をけずるはたらきを①（　　　　　），土を運ぶはたらきを②（　　　　　），

　土を積もらせるはたらきを③（　　　　　）という。

【小学校6年】土地のつくりと変化

□流れる水のはたらきによって②されたれき・砂・泥などは，層になって水底に③し，

　このようなことがくり返されて④（　　　　　）ができる。

□③したれき・砂・泥などは，固まると岩石になる。れきが砂などと混じり固まって

　できた岩石を⑤（　　　　　），砂が固まってできた岩石を⑥（　　　　　），

　泥などの細かい粒が固まってできた岩石を⑦（　　　　　）という。

第1章　生物の観察と分類のしかた(1)

（　）と□□□にあてはまる語句を答えよう。

1 ルーペの使い方

教科書 p.17　▶▶ ❶

□(1)　ルーペはできるだけ ¹（　　　　　）に近づける。

□(2)　ルーペを動かさずに ²（　　　　　）するものを前後に動かして，よく見える位置をさがす。

ルーペは持ち運びに便利だよ。

□(3)　観察するものが動かせないときは，³（　　　　　）を前後に動かして，よく見える位置をさがす。

□(4)　ルーペで ⁴（　　　　　）を見てはいけない。

●観察器具　　　　　●観察するものが動かせる　　　　　●観察するものが動かせない

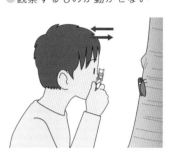

2 顕微鏡の使い方

教科書 p.18〜19　▶▶ ❷

□(1)　顕微鏡で観察するときは，はじめに対物レンズをいちばん ¹（　　　　　）のものにする。

□(2)　顕微鏡の倍率は，接眼レンズの倍率と対物レンズの倍率を ²（　　　　　）合わせる。

□(3)　鏡筒上下式顕微鏡やステージ上下式顕微鏡は，プレパラートと対物レンズを ³（　　　　　）ながらピントを合わせる。

□(4)　図の ⁴〜¹⁶

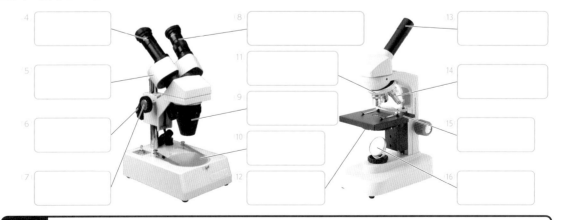

| 要点 | ●ルーペは，持ち運びに便利で，使うときは目に近づける。
●顕微鏡の観察は，低倍率の対物レンズをプレパラートに近づけて始める。 |

❶ ルーペを使って，身のまわりの生物を観察した。 ▶▶ **1**

□(1) 野外での観察にルーペが適しているのはなぜか。次の⑦〜⊆から1つ選びなさい。

　⑦　観察するものを立体的に観察できるから。　　⑦　倍率が高いから。　　（　　）

　⑦　観察できる範囲(視野)が広いから。　　　　　⊆　小さくて軽いから。

□(2) タンポポの花の集まりを手にとって，ルーペで観察した。このとき，タンポポの花を最も
　　よく見ることができるのはどれか。次の⑦〜⊆から1つ選びなさい。　　（　　）

　⑦
　⑦
　⑦
　⊆

❷ 図1・2の器具は，小さな生物を観察するものである。 ▶▶ **2**

□(1) 図1の器具を何というか。
　　　　（　　　　　　　　　　）

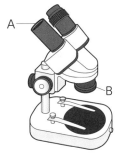
図1

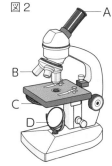
図2

□(2) 図1の器具で，左右のレンズを両目の間隔に合
　　うようにするには，どこを調節すればよいか。
　　次の⑦〜⑦から1つ選びなさい。　（　　）

　⑦　視度調節リング　⑦　鏡筒　⑦　粗動ねじ

□(3) 図1・2のA・Bをそれぞれ何というか。

　　　　A（　　　　　　）　B（　　　　　　）

□(4) 図1の器具の特徴を説明したものはどれか。次の⑦〜⊆から1つ選びなさい。（　　）

　⑦　Aが2つあるので，物を高倍率に拡大して観察することができる。

　⑦　Aが2つあるので，物を立体的に観察することができる。

　⑦　Bが大きいので，物を高倍率に拡大して観察することができる。

　⊆　Bが大きいので，物を立体的に観察することができる。

□(5) 図2の観察器具の視野の明るさはどのように調節するか。次の⑦〜⊆から1つ選びなさい。

　⑦　Dに直射日光を当てないようにして，Cを使って調節する。　　　　（　　）

　⑦　Dに直射日光を当てないようにして，Dを使って調節する。

　⑦　Dに直射日光を当てて，Cを使って調節する。

　⊆　Dに直射日光を当てて，Dを使って調節する。

□(6) 図2で，A・Bの倍率がそれぞれ10倍・40倍のときの倍率は何倍か。　（　　　　　）

ヒント ❶ (2)ルーペは凸レンズの直径が小さいので，目に近づけて使う。

ミスに注意 ❷ (5)直射日光の当たる場所では，レンズを通った日光が目に入るなど危険である。

（　）と□□にあてはまる語句を答えよう。

1 生物の観察，水中の小さな生物

教科書 p.20〜21　▶▶**❶**

- (1) 生物を観察したら，記録してまとめる。
  観察するときは，その生物が生息している
  ①（　　　　　），その生物の模様や色，
  ②（　　　　　　　），形，においなどに注目
  する。

- (2) 水中の小さな生物を観察するときは，池や
  水槽から採取した試料で
  ③（　　　　　　　）をつくり，顕微鏡
  で観察する。

- (3) 図の④〜⑥

生物カード

クロヤマアリ

観察者…○○ ○○
観察した日…4月15日　天気…晴れ
見つけた場所…地面の上
特徴　・大きさ…約6mm
　　　・あしの数…6本
　　　・しょっ角がある
　　　・からだは頭・胸・腹の3つに
　　　　分かれている

調べた
特徴を
かく

6mm

④ □□□　　⑤ □□□　　⑥ □□□

2 生物のグループ分け

教科書 p.22〜25　▶▶**❷**

- (1) 似た特徴をもつものを1つのグループにまとめ，いくつかのグループに分けて整理することを，①（　　　　　）という。

- (2) 生物を分類するときは，注目する特徴を選び，それぞれの特徴について共通点や相違点を比べ，②（　　　　　）点をもつ生物を同じグループにまとめる。

- (3) 同じ何種類かの生物を分ける場合でも，注目する特徴を変えると，分け方が
  ③（　　　　　　　）ことがある。下の5種類の生物でも，次のようになる。

メダカ　　　サクラ
ダンゴムシ　　サメ
タンポポ

分け方①　生息環境
　水中：④（　　　　　　　　　　）
　陸上：サクラ，ダンゴムシ，タンポポ
分け方②　移動する・移動しない
　移動する：メダカ，ダンゴムシ，サメ
　移動しない：⑤（　　　　　　　　　）

要点
- ●生物を観察するときは，生育環境，色，形，大きさ，においなどに注目する。
- ●似た特徴をもつものを1つのグループにまとめ，いくつかのグループに分けて整理することを分類という。

単元1

いろいろな生物とその共通点 ― 教科書20〜26ページ

1 野外で生物を観察し，生物カードを作成した。図1はそのときの記録である。また，池の水を採取して顕微鏡で観察したところ，図2のような生物が見られた。　▶▶ **1**

□(1) 図1の生物カードの@ⓑに当てはまる語句を書きなさい。

@(　　　　　　　)
ⓑ(　　　　　　　)

□(2) 生物カードのまとめ方として適当でないものを，次の⑦〜⊆から1つ選びなさい。(　　　)
　⑦　生物の特徴とともに，生物を見つけた場所の特徴も書く。
　④　スケッチがうまくかけないので，ことばで説明する。
　⑦　小さい生物のつくりは，ルーペや顕微鏡を使って観察する。
　⊆　スケッチをするかわりに，写真をはる。

□(3) 図2の生物のうち，からだが緑色に見えるものはどれか。A〜Cから1つ選びなさい。
(　　　　　)

□(4) 活発に動いていたのはどれか。A〜Cから2つ選びなさい。
(　　　　　　　　)

□(5) からだの形や大きさが変化していたものはどれか。A〜Cから1つ選びなさい。また，その生物の名称を書きなさい。　記号(　　　)　名称(　　　　　)

図1

ハルジオン

観察者…○○ ○○
観察した日…4月20日　天気…くもり
　@　…学校の近くの空き地
特徴・　ⓑ　花の直径…約20 mm
　　　　　　　高さ…約80 cm
・色　花弁はうすいピンク
　　　茎と葉は緑色
・つぼみが下を向いている
・茎は空どうになっている

20 mm

図2
A　　　　　B　　　　　C

2 次の8種類の生物を共通した特徴で分類して，A，Bの2つのグループに分けた。　▶▶ **2**

□(1) どのような特徴で分類したと考えられるか。(　)に適する語を書きなさい。
(　　　　　)で生活するものと(　　　　　)で生活するもの

□(2) 全8種類の生物を「移動する」「移動しない」で分けるとどうなるか。「移動する」グループの生物を書きなさい。
(　　　　　　　　)

□(3) (2)のグループをさらに分類するにはどのような分け方が考えられるか。(　　　　　　　　)

A　アリ　　アブラナ
　　ゾウ　　ハコベ
　　サクラ　シマリス

B　クジラ　イカ

ヒント　**1** (1) 「どんなところに生息しているか」なども生物の特徴を表す。

ぴたトレ
3
確認テスト

第1章　生物の観察と
　　　　分類のしかた

時間
30分

合格
70点
／100点

解答
p.3

① **図1の公園で生物の観察を行った。**　　52点

図1

花だん　　　雑木林　　　北

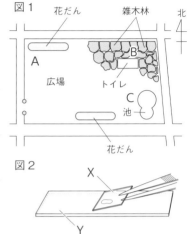

- (1) 記述 図1の2地点A・Bの「日当たり」と「土のしめり
具合」はどのようにちがうか。簡潔に書きなさい。思

- (2) 図1の公園で，①シロツメクサ，②ドクダミが見られた。
多く見られたのは，それぞれA～Cのどこか。思

- (3) 植物などのスケッチのしかたとして正しいものはどれか。
次の⑦～⊆から選びなさい。技

　　⑦　対象とするものだけをかき，ほかの生物はかかない。

　　④　記録は絵だけで行い，言葉は使わない。

　　⑦　かげをつけて立体的にかく。

　　⊆　太い線ではっきりとかく。

図2

X

Y

- (4) 池の水を持ち帰り，図2のようにプレパラートをつくった。X・Yをそれぞれ何というか。技

- (5) 池の水を顕微鏡で観察すると，図3のような生物ⓐ～ⓓが見られた。

図3

ⓐ 　ⓑ 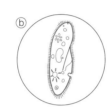　ⓒ 　ⓓ

　　①　からだに緑色の部分が見られ，運動は見られない生物はどれか。図3のⓐ～ⓓから1
　　　つ選びなさい。

　　②　図3の生物ⓐは何か。名称を書きなさい。

② **図は，ルーペを表したものである。**技　　12点

- (1) ルーペでの観察に適したものはどれか。次の⑦～⑦から
1つ選びなさい。

　　⑦　水中の小さな生物の観察

　　④　野外での花のつくりの観察

　　⑦　太陽の表面の観察

- (2) 観察するものが動かせるとき，ルーペでの観察はどのように行えばよいか。最も適切なも
のを，次の⑦～⊆から選びなさい。

　　⑦　顔を固定し，ルーペと観察するものを近づけたまま動かす。

　　④　観察するものを固定し，顔とルーペを近づけたまま動かす。

　　⑦　ルーペと顔を近づけたまま固定し，観察するものを動かす。

　　⊆　ルーペと観察するものを近づけたまま固定し，顔を動かす。

❸ 図は，ある観察のときの双眼実体顕微鏡の視野を表したものである。 技 16点

- □(1) 図の視野を観察に適した状態にするには，何を調節すれ
  ばよいか。次の⑦〜㊤から選びなさい。
  - ⑦ 視度調節リング
  - ⑦ 接眼レンズ(鏡筒)
  - ⑦ 微動ねじ
  - ㊤ 対物レンズ
- □(2) 記述 双眼実体顕微鏡による試料の見え方には，ルーペや
  顕微鏡などと比べてどのような特徴があるか。簡潔に書きなさい。

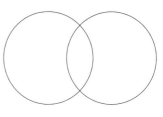

❹ 図1のようにしてステージにプレパラートをのせたところ，試料が図2のように
見えた。図2の円は，顕微鏡の視野の範囲を表している。 技 20点

- □(1) 図2の試料を視野の中央に置くには，プレ
  パラートをどの方向に動かせばよいか。図
  1の⑦〜⑦から1つ選びなさい。
- □(2) 記述 視野の中央に置いた試料を，顕微鏡の
  倍率を上げて観察した。このとき，視野の
  ようすはどうなるか。見える範囲の広さと
  明るさの変化がわかるように書きなさい。

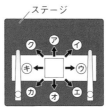

図1 ステージ

観察者の位置

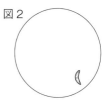

図2

観察者の位置

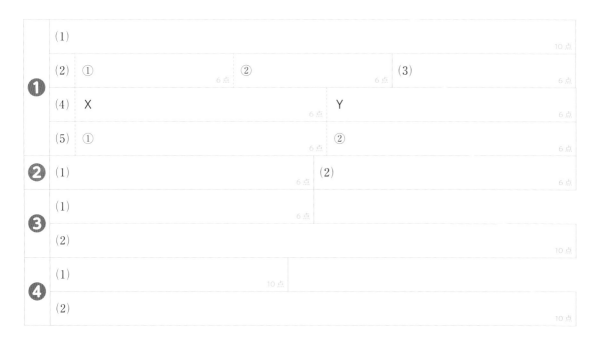

❶	(1)						10点
	(2) ①		6点	②	6点	(3)	6点
	(4) X			6点	Y		6点
	(5) ①		6点	②			6点
❷	(1)		6点	(2)			6点
❸	(1)		6点				
	(2)						10点
❹	(1)		10点				
	(2)						10点

定期テスト **予報** 生物の観察方法に関する問題はよく出題されます。ルーペ，双眼実体顕微鏡，顕微鏡の操作
方法をじゅうぶん身につけておきましょう。

15

（　）と□□にあてはまる語句を答えよう。

1 花のつくり

教科書 p.31 ～ 33　▶▶ ①

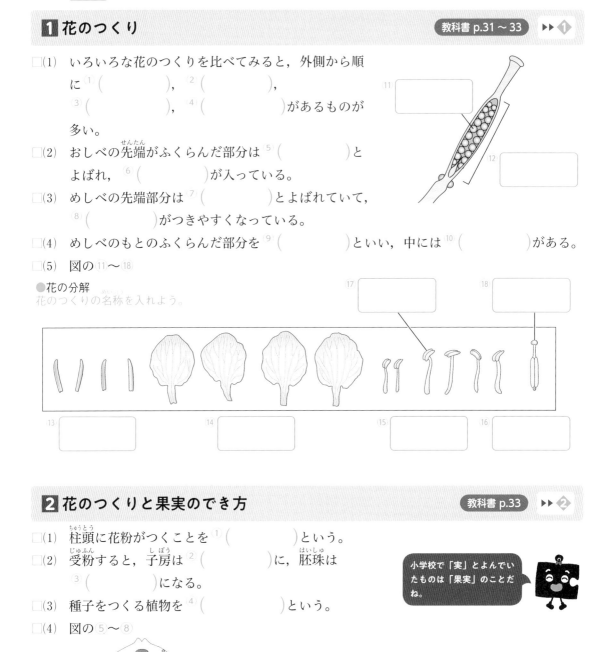

□(1)　いろいろな花のつくりを比べてみると，外側から順に ①（　　　　　），②（　　　　　），③（　　　　　），④（　　　　　　　　）があるものが多い。

□(2)　おしべの先端（せんたん）がふくらんだ部分は ⑤（　　　　　）とよばれ，⑥（　　　　　）が入っている。

□(3)　めしべの先端部分は ⑦（　　　　　）とよばれていて，⑧（　　　　　）がつきやすくなっている。

□(4)　めしべのもとのふくらんだ部分を ⑨（　　　　　）といい，中には ⑩（　　　　　）がある。

□(5)　図の ⑪～⑱

●花の分解
花のつくりの名称（めいしょう）を入れよう。

2 花のつくりと果実のでき方

教科書 p.33　▶▶ ②

□(1)　柱頭（ちゅうとう）に花粉がつくことを ①（　　　　　）という。

□(2)　受粉（じゅふん）すると，子房（しぼう）は ②（　　　　　）に，胚珠（はいしゅ）は ③（　　　　　）になる。

□(3)　種子をつくる植物を ④（　　　　　）という。

□(4)　図の ⑤～⑧

受粉

小学校で「実」とよんでいたものは「果実」のことだね。

要点
●花の中心にめしべがあり，囲むようにおしべ，花弁，がくの順についている。
●種子植物が受粉すると，胚珠は種子，子房は果実になる。

1 ツツジとカラスノエンドウの花をとり，図1のようにセロハンテープで台紙にはりつけた。 ▶▶ **1**

□(1) 図1のA〜Dの名称を書きなさい。

A（　　　　　）
B（　　　　　）
C（　　　　　）
D（　　　　　）

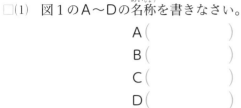

図1　ツツジ
A　B　C　D

エンドウ
ⓐ　ⓑ　ⓒ　ⓓ　ⓔ ⓕ ⓖ

□(2) 花の中心にあるものから順に，図1のA〜Dの記号を並べて書きなさい。

中心（　　　　）→（　　　　）→（　　　　）→（　　　　）外側

□(3) 図2は，図1のⓖの断面を表したものである。
① 小さな粒を何というか。（　　　　　）
② 小さな粒をつつむふくらみを何というか。
（　　　　　）

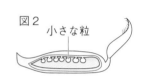

図2　小さな粒

2 図1はサクラの花，図2はサクラの花が成長したものの断面を，それぞれ表したものである。 ▶▶ **2**

□(1) めしべの先端A，めしべの中にある粒B，めしべのもとのふくらんだ部分Cを，それぞれ何というか。

A（　　　　　）
B（　　　　　）
C（　　　　　）

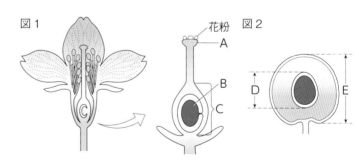

図1

図2
花粉
A
B
C
D　E

□(2) サクラの花粉が入っている，おしべの先端のふくらみを何というか。（　　　　　）

□(3) 花粉がAにつくことを何というか。（　　　　　）

□(4) 図2のD・Eのつくりを，それぞれ何というか。　D（　　　　　）　E（　　　　　）

□(5) 図2のD・Eは，それぞれ図1のA〜Cのどの部分が成長したものか。

D（　　　　　）　E（　　　　　）

□(6) 図2のDをつくる植物を何植物というか。

（　　　　　）

──── **ミスに注意** **2** (3) 似ていてまちがえやすい語句に「受精」がある。注意しよう。

第2章　植物の分類(2)

( )と□□□にあてはまる語句を答えよう。

1 マツの花のつくり

教科書 p.34〜35 ▶▶

□(1)　春になると，マツの枝には ¹( )と ²( )ができる。

□(2)　マツの花は，うろこのような ³( )が重なっている。

□(3)　雌花（めばな）のりん片には ⁴( )があるが，子房（しぼう）は ⁵( )。

□(4)　雄花（おばな）のりん片には ⁶( )があり，⁷( )が入っている。

□(5)　図の ⁸〜¹¹

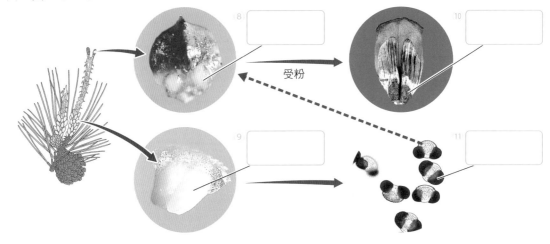

受粉

2 種子をつくる植物の分類

教科書 p.35 ▶▶

□(1)　マツのように，胚珠（はいしゅ）がむき出しになっている植物を ¹( )という。

□(2)　アブラナやサクラのように，子房の中に胚珠がある植物を ²( )という。

□(3)　裸子植物（らししょくぶつ）も被子植物（ひししょくぶつ）と同じように，花をさかせて種子をつくる ³( )である。

□(4)　図の ⁴〜¹¹

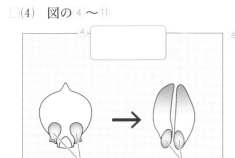

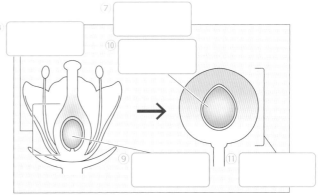

要点	●マツの雌花のりん片には胚珠があり，雄花のりん片には花粉のうがある。
	●子房がなく胚珠がむき出しの植物を裸子植物といい，果実ができない。

第2章　植物の分類(2)

時間
15分

解答
p.4

❶ 図1はマツの若い枝で，A〜Dはその一部を拡大したものである。 ▶▶ **1**

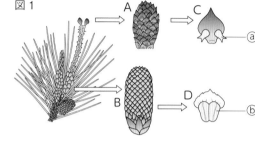

図1

□(1) 図1のA・Bに集まっている花を，それぞれ何というか。

A（　　　　　）　B（　　　　　）

□(2) 図1のC・Dは，それぞれA・Bに集まっているものを1枚ずつはがしたものである。このうろこのような形をしたものを何というか。　（　　　　　）

□(3) 図1のC・Dに見られるⓐ・ⓑのつくりをそれぞれ何というか。

ⓐ（　　　　　）　ⓑ（　　　　　）

□(4) 図2は，マツの花粉である。

① 花粉が入っているのは，図1のⓐ・ⓑのどちらか。　（　　　　）

② マツの花粉は小さく，図2のように空気のふくろがついている。これは，花粉が何によって運ばれるためか。次の⑦〜①から選びなさい。

図2

⑦ 雨水　　⑦ 風　　⑦ 小鳥　　① 昆虫　　（　　　　）

❷ 図のAはイチョウの雌花，Bはアブラナのめしべの断面を，それぞれ表したものである。 ▶▶ **2**

□(1) イチョウの雌花について正しく述べたものはどれか。次の⑦〜①から選びなさい。　（　　　　）

⑦ 雄花の花粉がつくと，成長して果実ができる。
⑦ 雄花の花粉がつくと，成長して種子ができる。
⑦ おしべはないがめしべはある。
① 花弁はないががくはある。

A　　　　　　　　　　　　B

□(2) イチョウとアブラナは，どちらも種子をつくってなかまをふやす。このような植物のなかまを何というか。　（　　　　　）

□(3) 種子をつくってなかまをふやす植物は，大きく2つに分類することができる。その観点として最も適切なものはどれか。次の⑦〜①から選びなさい。　（　　　　）

⑦ 胚珠が子房の中にあるものと，子房がなく胚珠がむき出しのものに分類できる。
⑦ 子房が胚珠の中にあるものと，胚珠がなく子房がむき出しのものに分類できる。
⑦ 子房が胚珠の中にあるものと，胚珠が子房の中にあるものに分類できる。
① 子房がなく胚珠だけがあるものと，胚珠がなく子房だけがあるものに分類できる。

□(4) 種子をつくる植物のうち，①イチョウ・②アブラナのようななかまを，それぞれ何というか。

①（　　　　　）　②（　　　　　）

 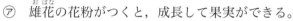 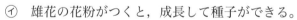

ヒント ❶(3) マツは胚珠がむき出しになっている。

（　）と□□□にあてはまる語句を答えよう。

1 被子植物の2つのグループ

教科書 p.36～37 ▶▶

□(1)　葉に見られるすじを ¹（　　　　　）という。

□(2)　被子植物は，¹ がイネのように ²（　　　　　）になっているものと，ヒマワリのように ³（　　　　　）状になっているものの2つのグループに分けることができる。

□(3)　発芽のときの子葉の数に注目すると，葉脈が平行になっている植物は子葉が ⁴（　　　　　）枚で，葉脈が網目状になっている植物は子葉が ⁵（　　　　　）枚である。

□(4)　子葉が1枚のグループを ⁶（　　　　　）類，子葉が2枚のグループを ⁷（　　　　　）類という。

□(5)　単子葉類と双子葉類は根のようすもちがっており，単子葉類はたくさんの細い ⁸（　　　　　）があり，双子葉類は太い ⁹（　　　　　）とそこからのびる ¹⁰（　　　　　）からなる。

□(6)　図の ¹¹～¹⁶

	単子葉類		双子葉類	
	イネ	トウモロコシ	ヒマワリ	アサガオ
葉脈	平行		⑪（　　　）状	
子葉	⑫（　　　）枚		⑬（　　　）枚	
根	⑭（　　　）		⑮（　　　）と ⑯（　　　）	

要点

●単子葉類は子葉が1枚で，葉脈は平行，根はひげ根からなる。

●双子葉類は子葉が2枚で，葉脈は網目状，根は主根と側根からなる。

1 図1は、イネとヒマワリの葉を観察して、その一部分を拡大したスケッチである。 ▶▶ **1**

□(1) 図1のように、葉に見られるすじを何というか。

（　　　　　　　）

□(2) 図1のA・Bのうち、ヒマワリの葉はどちらか。

（　　　　　　　）

□(3) 図2は、被子植物で見られる子葉のようすを表している。

① 子葉とはどういうものか。次の文の（　）にあてはまることばを書きなさい。

子葉は、（　　　　　　）のときに最初に出てくる葉である。

② 被子植物は子葉の数で2つのグループに分けることができる。C・Dのような子葉をもつグループをそれぞれ何というか、書きなさい。

C（　　　　　　　）

D（　　　　　　　）

□(4) 図3は、被子植物の根のつくりを表している。図3の@～©をそれぞれ何というか、書きなさい。

@（　　　　　　　）

ⓑ（　　　　　） ©（　　　　　）

□(5) 図3のE・Fのうち、ヒマワリの根はどちらか。

（　　　　　　　）

図1

A

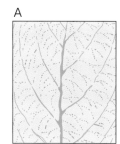

B

図2

C　　　　　　D

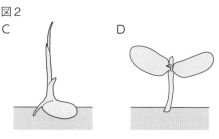

図3

E　　　　　　F

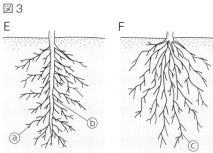

□(6) 次の3つの植物について、葉や根のようすを調べた。図4は、その結果を表したものである。図4から、イネと同じグループに分けられる植物はどれか、名称を書きなさい。

（　　　　　　　　　　　　　　）

図4

ナズナ

・根は太い1本の根からたくさんの細い根がのびていた。

タンポポ

・葉には、網目状のすじが見られた。

スズメノカタビラ

・根は細いたくさんの根がのびていた。

ヒント **1** (2)(5) ヒマワリの子葉は2枚出る。

ぴたトレ
3
確認テスト

第2章　植物の分類(1)

時間30分　／100点
合格70点
解答 p.5

❶ エンドウ，ジャガイモ，ダイコンの花を観察した。図は，それを記録したものである。

16点

エンドウ		
ジャガイモ		
ダイコン		

□(1) エンドウにできる種子の最大の数と同じものはどれか。次の㋐～㋓から1つ選びなさい。 思
　　㋐　やくの数　　　㋑　子房(しぼう)の数　　　㋒　柱頭(ちゅうとう)の数　　　㋓　胚珠(はいしゅ)の数

□(2) ジャガイモの果実(かじつ)と種子(しゅし)について正しいものはどれか。次の㋐～㋓から1つ選びなさい。 思
　　㋐　果実も種子もできない。　　　㋑　果実はできないが種子はできる。
　　㋒　果実も種子もできる。　　　㋓　果実はできるが種子はできない。

□(3) エンドウ，ジャガイモ，ダイコンの根は，いずれも主根(しゅこん)と側根(そっこん)からなる。
　　① これらは，発芽のときの子葉の数は何枚か。
　　② 記述 これらの葉の葉脈(ようみゃく)は，どのように通っているか。簡潔(かんけつ)に書きなさい。

点UP **❷** 図1はカキの果実，図2はカキの花の断面である。 思

10点

□(1) 作図 図2で，果実になる部分をぬりつぶしなさい。

□(2) いっぱんに，果実ができる植物を何というか。

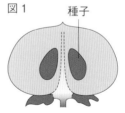
図1　種子

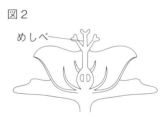
図2　めしべ

よく出る **❸** 図は，マツの若い枝Aと，その各部分B～Hを表したものである。

38点

□(1) B～Dは，それぞれAの㋐～㋒のどこか。

□(2) E～Gは，それぞれB～Dのどこにふくまれるか。

□(3) 図のF・Hはそれぞれ何か。

□(4) 記述 Fのはねと，Hの空気ぶくろに共通したはたらきは何か。簡潔に書きなさい。 思

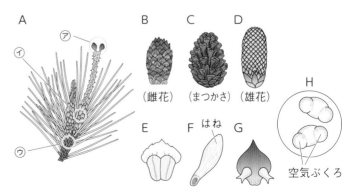

A　㋐　㋑　㋒

B（雌花）　C（まつかさ）　D（雄花）

E　F はね　G

H　空気ぶくろ

4 図1はアブラナ，図2はイチョウの花である。 36点

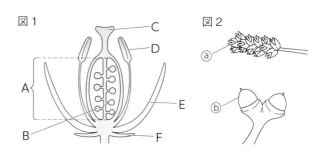

図1　図2

- □(1) 図1のめしべのA～C，おしべのD，EとFを，それぞれ何というか。
- □(2) 図2のⓐ・ⓑにあたるものは，それぞれ，図1のA～Eのどれか。
- □(3) アブラナは被子植物，イチョウは裸子植物である。裸子植物はどれか。次の⑦～㋓から選びなさい。
  - ⑦　花粉が風で運ばれるトウモロコシ
  - ⦿　種子がマツの実とよばれるマツ
  - ⑦　雄花と雌花がさくヘチマ
  - ㋓　花に花弁がないイネ

❶	(1)		4点	(2)		4点
	(3)	①	4点			
		②				4点
❷	(1)	図2に記入	6点	(2)		4点
❸	(1)	B 4点	C 4点		D	4点
	(2)	E 4点	F 4点		G	4点
	(3)	F 4点		H		4点
	(4)					6点
❹	(1)	A 4点		B		4点
		C 4点		D		4点
		E 4点		F		4点
	(2)	ⓐ 4点		ⓑ		4点
	(3)		4点			

定期テスト予報 被子植物と裸子植物のつくりのちがいや，受粉してからの変化などがよく出ます。花の各部分の名称や役割をおさえておきましょう。

（　）と□□にあてはまる語句を答えよう。

1 シダ植物

教科書 p.38 〜 39 ▶▶

□(1)　スギナやイヌワラビは, (1)（　　　　　　　　　）のなかまである。

□(2)　シダ植物のからだは, 種子植物と同じように, 葉, (2)（　　　　　）, 根の区別がある。

□(3)　シダ植物の茎は, (3)（　　　　　　）, もしくは地表近くにあるものが多く, そこに (4)（　　　　　）や根がついている。

□(4)　地下にある茎を (5)（　　　　　　）という。

□(5)　シダ植物は, 種子ではなく (6)（　　　　　　）でふえる。

□(6)　イヌワラビは, 葉の裏側に (7)（　　　　　　　　　）がいくつもつき, 中に胞子が入っている。

□(7)　図の 8 〜 10

イヌワラビ

8 ［　　　］の柄

9 ［　　　］

10 ［　　　］

葉の裏にある胞子のうの集まり

2 コケ植物

教科書 p.40 ▶▶

□(1)　ゼニゴケやコスギゴケ, スギゴケは (1)（　　　　　　　）のなかまである。

□(2)　コケ植物には, 葉, 茎, 根の区別が (2)（　　　　　）。

□(3)　コケ植物の根のように見える部分は (3)（　　　　　）とよばれ, からだを土や岩に固定するためのつくりである。

□(4)　コケ植物は, シダ植物のように, (4)（　　　　　）でふえる。これらには雌株と雄株があり, 胞子は (5)（　　　　　）にできる (6)（　　　　　　）の中でつくられる。

□(5)　図の 7 〜 14

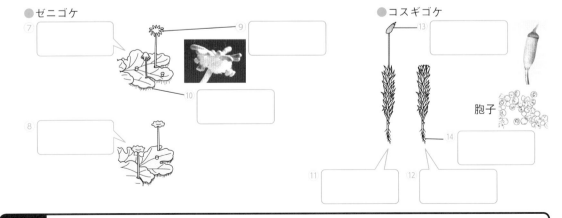

●ゼニゲケ
7 ［　　　］　9 ［　　　］
10 ［　　　］
8 ［　　　］

●コスギゴケ
13 ［　　　］
14 ［　　　］
11 ［　　　］　12 ［　　　］
胞子

要点

●シダ植物はからだが根, 茎, 葉に分かれ, 胞子でふえる。
●コケ植物は雄株と雌株があり, 雌株で胞子をつくる。

単元1

いろいろな生物とその共通点 ── 教科書38〜41ページ

1 図は，イヌワラビのからだのつくりを表したものである。　▶▶**1**

□(1) イヌワラビの地中にある部分Aを何と
　　いうか。　　　　　　（　　　　　　）

□(2) イヌワラビの葉の裏にはBが多くあり，
　　その中には小さな粒C（つぶ）があった。
　　B・Cは何か。
　　　　　　　　　B（　　　　　　）
　　　　　　　　　C（　　　　　　）

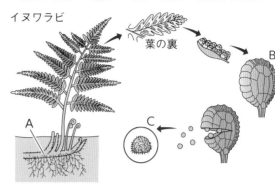

イヌワラビ

葉の裏

A

C

B

□(3) イヌワラビについて，正しく述べたも
　　のはどれか。次の⑦〜⑨から１つ選びなさい。　　（　　　　　　）

　　⑦　からだは葉，茎（くき），根の区別があり，花がさく。

　　④　からだは葉，茎，根の区別があり，花はさかない。

　　⑨　からだは葉，茎，根の区別がなく，花がさく。

　　⑨　からだは葉，茎，根の区別がなく，花はさかない。

2 図は，ゼニゴケの雌株（めかぶ）と雄株（おかぶ）を表したものである。　▶▶**2**

□(1) ゼニゴケの雌株は，図のA・Bの
　　どちらか。　　　　（　　　　　）

□(2) 胞子（ほうし）のうがあるのは，図の⑦〜⑨
　　のどこか。　　　　（　　　　　）

□(3) ゼニゴケのからだからは，細い糸
　　のようなものが地面に向かっての
　　びていた。このつくりを何という
　　か。　　　　　　　（　　　　　）

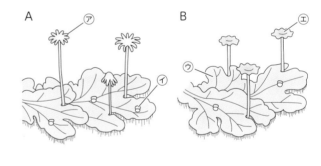

A　⑦　　④

B　⑨　⑨

□(4) ゼニゴケについて，正しく述べたものはどれか。次の⑦〜⑨から１つ選びなさい。

　　　　　　　　　　　　　　　　　　　　　　　　　　　　　（　　　　　）

　　⑦　からだは葉，茎，根の区別があり，日かげのしめった場所で見られる。

　　④　からだは葉，茎，根の区別があり，日当たりのよい乾燥（かんそう）した場所で見られる。

　　⑨　からだは葉，茎，根の区別がなく，日かげのしめった場所で見られる。

　　⑨　からだは葉，茎，根の区別がなく，日当たりのよい乾燥した場所で見られる。

ミスに注意　**1** (1) イヌワラビの地上部分は葉で，茎と根が地下にある。

ヒント　**2** (4) コケ植物には，種子植物の根にあたるはたらきをするものはない。

（　）と☐にあてはまる語句を答えよう。

1 さまざまな植物の分類

教科書 p.42〜44 ▶▶❶

☐(1) 植物を分類するとき，初めにふえ方に注目すると，種子をつくる¹（　　　　　　　）植物と，種子をつくらない植物に分類される。

☐(2) 次に，種子植物は²（　　　　　　　）の有無によって分類され，胚珠が子房の中にある³（　　　　　　　）と，胚珠がむき出しになっている⁴（　　　　　　　）に分けられる。

☐(3) また，被子植物の子葉に注目すると，子葉が1枚の⁵（　　　　　　　）と子葉が2枚の⁶（　　　　　　　）に分類することができる。

☐(4) さらに，種子をつくらない植物は，からだに葉，茎，根の区別がある⁷（　　　　　　　）植物と，葉，茎，根の区別がない⁸（　　　　　　　）植物に分類することができる。

☐(5) 図の⑨〜⑮

●植物の分類

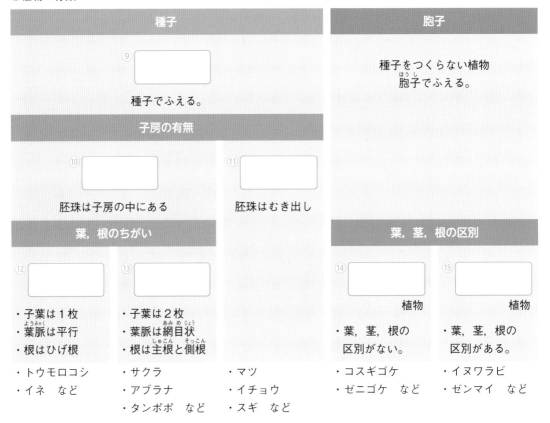

種子	胞子
⑨	種子をつくらない植物 胞子でふえる。
種子でふえる。	

子房の有無

⑩	⑪
胚珠は子房の中にある	胚珠はむき出し

葉，根のちがい　　　**葉，茎，根の区別**

⑫	⑬	⑭ 植物	⑮ 植物
・子葉は1枚 ・葉脈は平行 ・根はひげ根	・子葉は2枚 ・葉脈は網目状 ・根は主根と側根	・葉，茎，根の区別がない。	・葉，茎，根の区別がある。
・トウモロコシ ・イネ　など	・サクラ ・アブラナ ・タンポポ　など / ・マツ ・イチョウ ・スギ　など	・コスギゴケ ・ゼニゴケ　など	・イヌワラビ ・ゼンマイ　など

要点

● 植物は，種子でふえるか，胞子でふえるかで分類される。

● 種子植物は，被子植物と裸子植物，被子植物は単子葉類と双子葉類に分類される。

ぴたトレ
2
練習

第2章　植物の分類(5)

時間 15分
解答 p.6

単元1

いろいろな生物とその共通点 — 教科書42〜44ページ

1 いくつかの特徴に着目し，それが当てはまるか当てはまらないかによって，植物を分類することができる。図1は，ある中学校のまわりで観察された植物を，からだの特徴にもとづいて，当てはまる場合は（はい）へ，当てはまらない場合は（いいえ）へ分け，グループA〜Eに整理したものである。 ▶▶ 1

図1

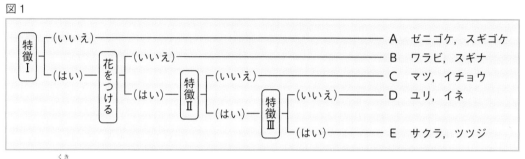

□(1) 「葉，茎，根の区別がある」ことを表しているのは，特徴Ⅰ〜Ⅲのどれか。

(　　　　　　)

□(2) 植物のふやし方の特徴に着目すると別の分け方ができる。この場合，図1の①グループA・B，②グループC〜Eが，それぞれ同じなかまにまとめられる。それぞれなかまをふやすためにつくるものは何か。　　①(　　　　　) ②(　　　　　)

□(3) 図1のグループA，グループBをそれぞれ何というか。

A(　　　　　　) B(　　　　　)

□(4) 次の植物が入るグループは，それぞれA〜Eのどれか。
① ゼンマイ (　　　　) ② スギ (　　　　)

□(5) 図2は，被子植物のからだのつくりを表したものである。

① 被子植物は，子葉が1枚のなかまPと，子葉が2枚のなかまQに分けられる。それぞれを何類というか。　　P(　　　　　)
Q(　　　　　)

② Pのからだのつくりを表しているのはどれか。図2の③〜④から2つ選びなさい。
(　　　　)

③ 被子植物と同じように花粉や胚珠をつくるが，被子植物とちがって子房のない植物のなかまを何というか。(　　　　　)

図2

ⓐ 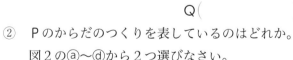 ⓑ

ⓒ  ⓓ

□(6) 被子植物や(4)の②の植物のように，種子でふえる植物を何というか。
(　　　　　)

ヒント 1 (5)③子房がないので，果実はできない。

① 図1はイヌワラビ，図2はコスギゴケの雄株と雌株を表したものである。 38点

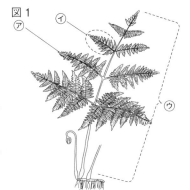
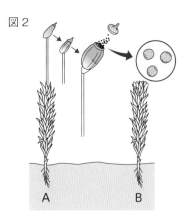

図1　⑦　⑦　⑦

図2

A　B

- (1) イヌワラビの説明として，適当なものを次の⑦〜㋔から1つ選びなさい。
  - ⑦　シダ植物のなかまで，花がさく。
  - ④　シダ植物のなかまで，花がさかない。
  - ⑦　コケ植物のなかまで，花がさく。
  - ㋔　コケ植物のなかまで，花がさかない。
- (2) イヌワラビの1枚の葉はどこか。図1の⑦〜⑦から選びなさい。
- (3) イヌワラビの地中で横に長くのびているつくりは何か。
- (4) コスギゴケの，根のように見える部分について答えなさい。
  - ①　この部分を何というか。名称を書きなさい。
  - ②　記述 この部分のはたらきを簡潔に書きなさい。 思
- (5) コスギゴケのAは，雄株・雌株のどちらか。
- (6) イヌワラビやコスギゴケが，なかまをふやすためにつくるものは何か。

② 図は，どれも花がさく植物である。 21点

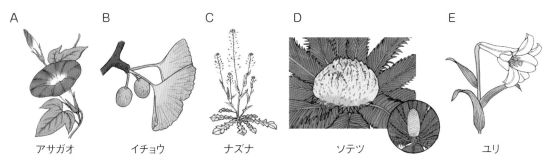

A　アサガオ　　B　イチョウ　　C　ナズナ　　D　ソテツ　　E　ユリ

- (1) 花がさく植物は何というグループに分類されるか。
- (2) 花がさいて果実ができる植物はどれか。図のA〜Eから全て選びなさい。
- (3) (2)で選んだ植物のうち，主根と側根の区別があるものはどれか。全て書きなさい。
- (4) 記述 (3)で答えた植物の葉脈のようすはどのようになっているか。簡潔に書きなさい。 思

❸ 図は，植物を分類したものである。 41点

□(1) X・Yには分類する際の
手がかりになる語が入る。
X・Yに当てはまる語を
それぞれ書きなさい。思

点UP

□(2) 作図 子葉が1枚の植物の
①葉脈と②根のつくりの
特徴がわかるように，右
下の図にかき入れなさい。技

□(3) 植物を分類した図のA〜Cにあ
てはまる植物は何か。それぞれ，
次の⑦〜⑤から選びなさい。
　⑦　ホウライシダ
　⑦　セコイア
　⑦　サクラ
　⑤　ツユクサ

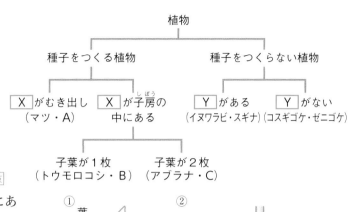

植物
├ 種子をつくる植物
│　├ X がむき出し（マツ・A）
│　└ X が子房の中にある
│　　├ 子葉が1枚（トウモロコシ・B）
│　　└ 子葉が2枚（アブラナ・C）
└ 種子をつくらない植物
　├ Y がある（イヌワラビ・スギナ）
　└ Y がない（コスギゴケ・ゼニゴケ）

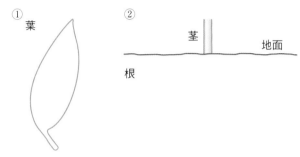

①葉

②茎　地面　根

❶	(1)		5点	(2)		5点
	(3)		5点			
	(4)	①	5点			
		②				8点
	(5)		5点	(6)		5点
❷	(1)		5点			
	(2)		5点	(3)		5点
	(4)					6点
❸	(1)	X	5点	Y		5点
	(2)	① 図に記入	8点	② 図に記入		8点
	(3)	A	5点	B		5点
		C	5点			

定期テスト予報　種子をつくらない植物として，シダ植物とコケ植物がよく出ます。なかまのふやし方やからだのつくりはおさえておきましょう。例をあげながら特徴を理解しましょう。

第3章　動物の分類(1)

( )と□にあてはまる語句を答えよう。

1 セキツイ動物

教科書 p.46 ～ 53 ▶▶①

□(1) 背骨(セキツイ骨)のある動物のグループを ¹( )といい，背骨のないグループを ²( )という。それぞれ特徴のちがいからいくつかのグループに分類される。

□(2) 親が卵をうみ，卵から子がかえる子のうまれ方を ³( )といい，母親の体内である程度育ってからうまれる子のうまれ方を ⁴( )という。

□(3) からだのつくり，呼吸のしかた，子のうまれ方などの特徴をもとに分類すると，セキツイ動物は，魚類，⁵( )，ハチュウ類，鳥類，⁶( )という5つのグループに分類することができる。

□(4) 図の ⁷～¹⁹

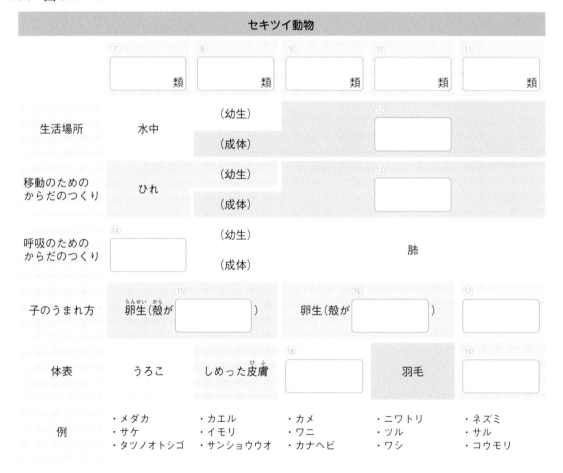

セキツイ動物				
⑺ 類	⑻ 類	⑼ 類	⑽ 類	⑾ 類
生活場所 水中	(幼生) / (成体)		⑿	
移動のための からだのつくり ひれ	(幼生) / (成体)		⒀	
呼吸のための からだのつくり	⒁ (幼生) / (成体)		肺	
子のうまれ方 卵生(殻が ⒂)		卵生(殻が ⒃)	⒄	
体表 うろこ	しめった皮膚	⒅	羽毛	⒆
例 ・メダカ ・サケ ・タツノオトシゴ	・カエル ・イモリ ・サンショウウオ	・カメ ・ワニ ・カナヘビ	・ニワトリ ・ツル ・ワシ	・ネズミ ・サル ・コウモリ

要点
●動物は背骨の有無で，セキツイ動物と無セキツイ動物に分けられる。
●セキツイ動物は，魚類，両生類，ハチュウ類，鳥類，ホニュウ類に分けられる。

1 図は，背骨のある動物の５つのグループの代表的な動物を表したものである。　▶▶ **1**

□(1)　背骨のある動物を何というか。
（　　　　　　　　　）

□(2)　A〜Eの動物はそれぞれ何類に
　　　分類されるか。

A（　　　　　　　）

B（　　　　　　　）

C（　　　　　　　）

D（　　　　　　　）

E（　　　　　　　）

A

B
ワシ

カエル

C

D
フナ

ウサギ

E

ワニ

□(3)　次の①，②の子のうまれ方をそれぞれ何というか。
　　　①　親が卵をうみ，卵から子がかえる。　　　　　　　　　　　　（　　　　　）
　　　②　親の体内で，ある程度育ってからうまれる。　　　　　　　　（　　　　　）

□(4)　子のうまれ方が(3)の②である動物を，A〜Eから１つ選びなさい。
（　　　　　）

□(5)　変態があり，その前後でからだの形や生活のしかたが大きく変わる動物について答えなさい。
　　　①　このような特徴のある動物を，A〜Eから１つ選びなさい。　（　　　　　）
　　　②　変態の前と後のことをそれぞれ何というか。
　　　　　　　　　　　　　　変態の前（　　　　　）　変態の後（　　　　　）
　　　③　変態の前と後で，何という器官で呼吸をするか。次の㋐〜㋒からそれぞれ１つ選びなさい。
　　　　　　　　　　　　　　変態の前（　　　　　）　変態の後（　　　　　）
　　　㋐　えら　　　　　　　㋑　えらと肺
　　　㋒　皮膚と肺　　　　　㋓　えらと皮膚　　　　㋔　肺

□(6)　一生を通して，肺で呼吸をする動物を，A〜Eから全て選びなさい。
（　　　　　）

□(7)　からだの表面が毛でおおわれている動物を，A〜Eから１つ選びなさい。
（　　　　　）

ヒント　**1** (6)陸上を中心に生活する動物を考える。

( )と□にあてはまる語句を答えよう。

1 無セキツイ動物

教科書 p.54〜57 ▶▶①

- (1) からだがかたい殻でおおわれ，からだとあしに節がある動物をまとめて
  ① (　　　　　　　)という。
- (2) 節足動物のかたい殻を② (　　　　　)といい，からだを支えたり，保護したりするはたらきをしている。筋肉は外骨格の③ (　　　　　)についている。
- (3) 節足動物には，ザリガニやエビなどの④ (　　　　　　)や，バッタやカブトムシ，チョウなどの⑤ (　　　　　)，その他にクモ，ムカデなどがふくまれる。
- (4) 甲殻類は，水中で生活するものが多く，⑥ (　　　　　)や皮膚などで呼吸をする。あしの数は昆虫類より多い。
- (5) イカやタコ，アサリなどのなかまを⑦ (　　　　　　)という。
- (6) 軟体動物のからだとあしには節がなく，筋肉でできた⑧ (　　　　　)という膜が内蔵がある部分を包んでいる。
- (7) 軟体動物は⑨ (　　　　　)で生活するものが多い。また，アサリやシジミのように外とう膜をおおう⑩ (　　　　　)があるものが多い。
- (8) 図の⑪〜⑭

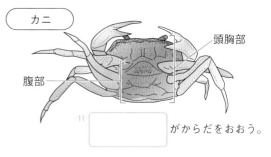
カニ 頭胸部 腹部 ⑪ [　　] がからだをおおう。

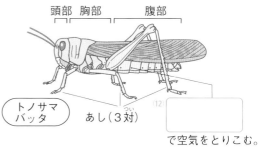
頭部 胸部 腹部 トノサマバッタ あし（3対） ⑫ [　　] で空気をとりこむ。

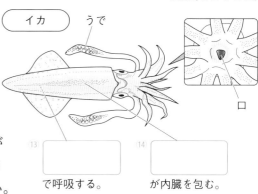
イカ うで 口 ⑬ [　　] で呼吸する。 ⑭ [　　] が内臓を包む。

2 動物の分類表

教科書 p.58〜61 ▶▶②

動物 — セキツイ動物 / 無セキツイ動物 — ① [　] ② [　] その他の無セキツイ動物 — ③ [　] カブトムシ，トノサマバッタなど / ④ [　] カニ，エビ，ミジンコなど / その他

図の①〜④

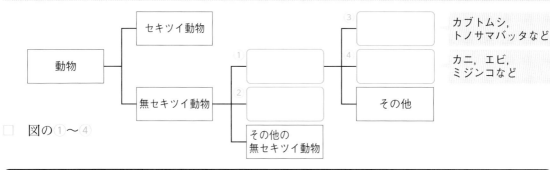
要点　●無セキツイ動物には，節足動物や軟体動物などがふくまれる。

1 図は，カニとトノサマバッタのからだのつくりを表したものである。　▶▶ **1**

カニ　　　　　　　　　　　　　　　トノサマバッタ

 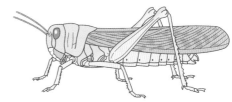

□(1) カニやトノサマバッタのからだの外側はかたい殻でおおわれていて，これがからだを支え
たり保護したりしている。このかたい殻を何というか。　　　　　　　（　　　　　　　）

□(2) (1)をもち，からだが多くの節からできていて，あしに節のある動物を何というか。
　　　　　　　　　　　　　　　　　　　　　　　　　　　　　　　（　　　　　　　）

□(3) 次の①，②のなかまをそれぞれ何類というか。
　　① (2)の動物のうち，カニをふくむなかま　　　　　　　　　　　（　　　　　　　）
　　② (2)の動物のうち，トノサマバッタをふくむなかま　　　　　　（　　　　　　　）

□(4) トノサマバッタはどのようにして呼吸するか，次の㋐〜㋒から1つ選びなさい。
　　　　　　　　　　　　　　　　　　　　　　　　　　　　　　　（　　　　　　　）

　　㋐　えらで呼吸する。　　　㋑　肺で呼吸する。
　　㋒　気門で空気をとりこんで呼吸する。

□(5) 節足動物のうち，甲殻類でも昆虫類でもない動物のなかまを，次の㋐〜㋔から全て選びな
さい。　　　　　　　　　　　　　　　　　　　　　　　　　　　　（　　　　　　　）

　　㋐　カブトムシ　　　㋑　クモ　　　㋒　ザリガニ　　　㋓　ミジンコ　　　㋔　ムカデ

2 図は，動物の分類表を表したものである。　▶▶ **2**

□(1) 動物は，初めに何の有無を基準にして2つの
グループに分けられるか。

（　　　　　　　　）

□(2) 無セキツイ動物のうち，内臓がある部分が外
とう膜という膜で包まれていて，からだやあ
しに節がない動物は右の図のどれか。

（　　　　　　　　）

□(3) (2)にあてはまる動物を，次の㋐〜㋔から全て
選びなさい。　　　　（　　　　　　　）
　　㋐　メダカ　　㋑　イソギンチャク　　㋒　アサリ　　㋓　エビ　　㋔　タコ

動物 ─┬─ セキツイ動物 ─┬─ 魚類
　　　　　　　　　　　　├─ 両生類
　　　　　　　　　　　　├─ ハチュウ類
　　　　　　　　　　　　├─ 鳥類
　　　　　　　　　　　　└─ ホニュウ類
　　　└─ 無セキツイ動物 ─┬─ 節足動物 ─┬─ 昆虫類
　　　　　　　　　　　　　　　　　　　　　├─ 甲殻類
　　　　　　　　　　　　　　　　　　　　　└─ その他の節足動物
　　　　　　　　　　　　　├─ 軟体動物
　　　　　　　　　　　　　└─ その他の無セキツイ動物

ヒント　**1** (4)胸部や腹部に呼吸のためのあながある。

第3章　動物の分類

時間 30分　／100点　合格 70点　解答 p.8

よく出る 1 表は，背骨のある動物のいろいろな特徴を調べ，A～Eのグループに分けたものである。思

26点

	A	B	C	D	E
生活場所	水中	幼生　水中 / 成体　陸上	陸上	陸上	陸上
呼吸のためのからだのつくり	えら	幼生　えら / 成体　ⓐ	肺	肺	肺
体表のようす	うろこ	しめった皮膚	うろこ	羽毛	毛
子のうまれ方	卵生	卵生	卵生	卵生	胎生

□(1) 次の文は，Bの呼吸器官について述べている。ⓐ，ⓑに当てはまる語句を書きなさい。
Bは，幼生のころは呼吸器官のえらと皮膚で呼吸をしているが，成体になると呼吸器官の（ ⓐ ）だけでなく，（ ⓑ ）でも呼吸している。（表中のⓐと文中のⓐは同じものを表している。）

点UP □(2) 記述 動物がうむ卵は，その動物の生活場所により卵のつくりにちがいがある。どのようなちがいがあるか，生活場所に関連づけて簡潔に説明しなさい。

□(3) タツノオトシゴもA～Eのいずれかに入る。タツノオトシゴの特徴として適当なものを，次のⓐ～ⓕから全て選びなさい。

ⓐ　子のうまれ方は胎生である。　　　　ⓘ　子のうまれ方は卵生である。

ⓤ　体表はうろこでおおわれている。　　ⓔ　体表は羽毛でおおわれている。

ⓞ　肺で呼吸する。　　　　　　　　　　ⓚ　えらで呼吸する。

2 図は，背骨をもたないイカとカニのからだと，その特徴を表したものである。44点

□(1) 背骨をもたない動物を何というか。

□(2) イカのからだについて述べた次の文の（　）に，適当な語句を書きなさい。
イカのからだは，（ ⓐ ）でできた（ ⓑ ）という膜でおおわれている。からだやあしに節がなく，（ ⓑ ）をもつことから，（ ⓒ ）に分類される。

イカ

からだやあしに節がない。やわらかい。

カニ

からだやあしに節がある。かたい。

□(3) カニのからだは，かたい殻でおおわれている。

① からだをおおうかたい殻を何というか。

② 記述 ①の殻にはどんなはたらきがあるか。簡潔に書きなさい。思

③ ①の殻をもつ動物を，次のⓐ～ⓔから1つ選びなさい。

ⓐ　カブトムシ　　ⓘ　マダコ　　ⓤ　マイマイ　　ⓔ　ウミガメ

　成績評価の観点　技…観察・実験の技能　思…科学的な思考・判断・表現

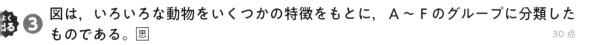

❸ 図は，いろいろな動物をいくつかの特徴をもとに，A～Fのグループに分類したものである。思

30点

□(1) 図中ⓐとⓑは，どのような特徴
で分けたか。次のⓐ～ⓔからそ
れぞれ1つずつ選びなさい。
　ⓐ　外とう膜があるか，ないか。
　ⓘ　からだが毛や羽毛でおおわ
　　れているか，毛や羽毛以外
　　でおおわれているか。
　ⓤ　背骨があるか，ないか。
　ⓔ　えらで呼吸するか，肺で呼吸するか。

```
              ┌─ A  ニワトリ，ダチョウ
          ┌───┤
          │   └─ B  サル，クジラ
        ⓑ ┤
          │   ┌─ C  カナヘビ，カメ
          └───┤
動物 ─ⓐ─┤      D  サンショウウオ，( X )
          │   └─ E  メダカ，ヒラメ
          └─── F  ザリガニ，タコ，チョウ
```

□(2) 次の特徴をもつ動物のグループを，A～Fから1つ選び，そのグループを何類というか，
書きなさい。
〔特徴　・胎生である。　　・多くは陸上で生活している。　　・肺で呼吸する。〕

□(3) 図のXにあてはまる動物を，次のⓐ～ⓞから1つ選びなさい。
　ⓐ　イモリ　　ⓘ　ワシ　　ⓤ　ネズミ　　ⓔ　サケ　　ⓞ　オオカマキリ

□(4) グループFで，節足動物のなかまを全て選び，名称を書きなさい。

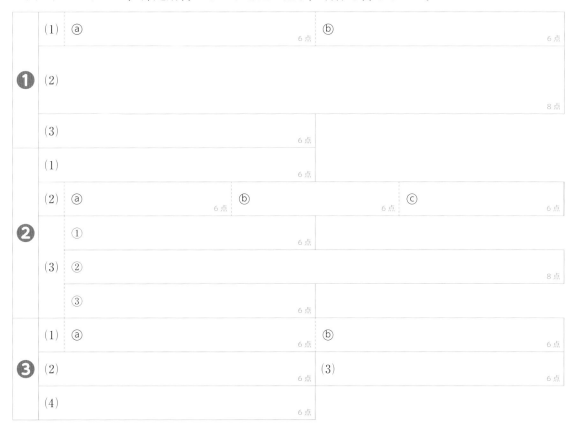

❶
(1) ⓐ 　　　　　　　　　6点　　ⓑ 　　　　　　　　　6点
(2) 　　　　　　　　　　　　　　　　　　　　　　　8点
(3) 　　　　　　　　　6点

❷
(1) 　　　　　　　　　6点
(2) ⓐ 　　　　　6点　ⓑ 　　　　　6点　ⓒ 　　　　　6点
(3) ① 　　　　　　　6点
　　② 　　　　　　　8点
　　③ 　　　　　　　6点

❸
(1) ⓐ 　　　　　　　6点　　ⓑ 　　　　　　　6点
(2) 　　　　　　　6点　　(3) 　　　　　　　6点
(4) 　　　　　　　6点

定期テスト予報　セキツイ動物の5つのグループの特徴とちがい，無セキツイ動物の特徴とちがいを問う問題
がよく出る。動物の例を上げながら，おさえましょう。

（　）と□□□にあてはまる語句を答えよう。

1 物の性質と調べ方

教科書 p.76〜77　▶▶①

□(1)　物の外観に注目したとき，物を①（　　　　　）という。

□(2)　物を形づくっている材料に注目したとき，物を②（　　　　　）という。

□(3)　物の性質の調べ方の例（図の③〜⑧）

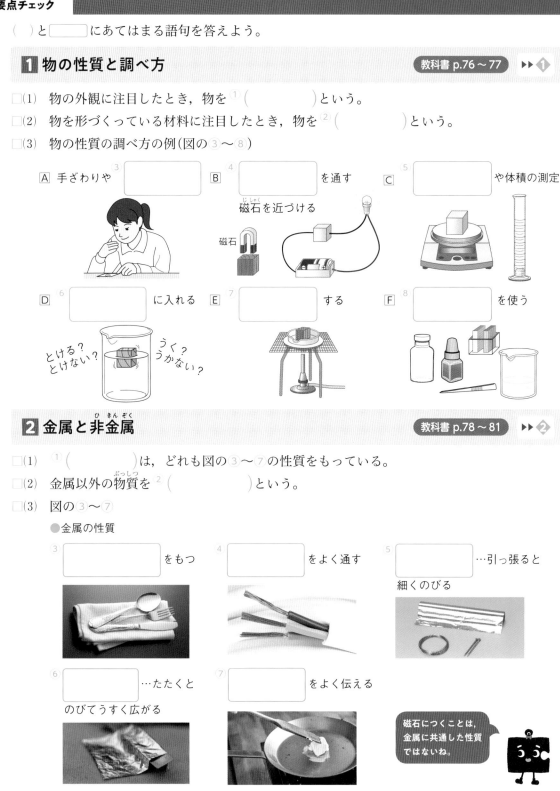

A　手ざわりや ③□□□

B　④□□□ を通す
磁石を近づける
磁石

C　⑤□□□ や体積の測定

D　⑥□□□ に入れる
とける？とけない？　うく？うかない？

E　⑦□□□ する

F　⑧□□□ を使う

2 金属と非金属

教科書 p.78〜81　▶▶②

□(1)　①（　　　　　）は，どれも図の③〜⑦の性質をもっている。

□(2)　金属以外の物質を②（　　　　　）という。

□(3)　図の③〜⑦

●金属の性質

③□□□ をもつ

④□□□ をよく通す

⑤□□□ …引っ張ると細くのびる

⑥□□□ …たたくとのびてうすく広がる

⑦□□□ をよく伝える

磁石につくことは，金属に共通した性質ではないね。

要点
●物の外観に注目すると物体，形づくっている材料に注目すると物質という。
●鉄やアルミニウム，銅などを金属，金属以外の物質を非金属という。

1 「物」には，2つの見方がある。　▶▶ **1**

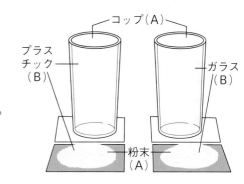

コップ(A)

プラスチック(B)

ガラス(B)

粉末(A)

□(1) 「コップ」や「粉末」のように，その外観に注目したときの「物」Aを何というか。
（　　　　　　）

□(2) 「プラスチック」や「ガラス」のように，Aを形づくっている材料に注目したBを何というか。
（　　　　　　）

□(3) ごみを分別するときの「物」の見方は，A・Bのどちらか。（　　　　　）

□(4) 「物」の材料を調べる実験をするとき，目に「物」のかけらや「物」の性質を調べるための薬品などが入らないように身につけるものは何か。（　　　　　　）

□(5) 「物」のにおいを調べるときは，どのようにするのがよいか。次の⑦〜㋑から選びなさい。
（　　　　　）

　⑦　調べる「物」に顔をできるだけ近づけて，静かににおいをかぐ。
　㋑　調べる「物」に顔をできるだけ近づけて，強くにおいを吸いこむ。
　㋒　調べる「物」を顔から少しはなして，深呼吸をするようにしてかぐ。
　㋓　調べる「物」を顔から少しはなして，手であおいでにおいをかぐ。

2 次のA〜Eが金属かどうかを調べた。　▶▶ **2**

A
コップ(ガラス)

B
ものさし(竹)

C
10円硬貨(主に銅)

D
色紙(紙)

E
空きかん(鉄)

□(1) 金属をみがくと光る。この特有のかがやきを何というか。（　　　　　　）

□(2) 金属がもつ，引っぱると細くのびる性質を何というか。（　　　　　　）

□(3) 金属がもつ，たたくとのびてうすく広がる性質を何というか。（　　　　　　）

□(4) 電気をよく通すものは，A〜Eのどれか。全て選びなさい。（　　　　　　）

□(5) 磁石につくものは，A〜Eのどれか。（　　　　　　）

□(6) 金属は，A〜Eのどれか。全て選びなさい。（　　　　　　）

□(7) 金属以外の物質を，金属に対して何というか。（　　　　　　）

ヒント　**2**　(2)(3)延性(えんせい)の「延」は「のびる」，展性(てんせい)の「展」は「ひろがる」という意味である。

（　）と◯◯にあてはまる語句を答えよう。

1 密度

教科書 p.82〜83, 85

- □(1)　上皿てんびんや電子てんびんで、はかることのできる量を ¹（　　　　　　）という。
- □(2)　単位体積（ふつう 1 cm³）あたりの質量をその物質の ²（　　　　　　）という。
- □(3)　密度の単位は、³（　　　　　　）（グラム毎立方センチメートル）で表される。
- □(4)　物質の密度〔⁴（　　　　　）〕＝ $\dfrac{物質の ⁵（\qquad）〔g〕}{物質の ⁶（\qquad）〔cm³〕}$
- □(5)　氷が水にうくのは、氷の密度が水の密度より ⁷（　　　　　　）からである。

●金属の種類と密度（単位 g/cm³）

鉄 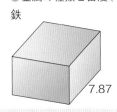 7.87　アルミニウム  2.70　銅  8.96　鉛  11.34

2 測定器具の使い方

教科書 p.84

- □(1)　電子てんびんの使い方… ¹（　　　　　　）なところに置き、電源を入れる。一定の質量の薬品をはかりとるときは、容器や ²（　　　　　　）をのせてから、0.0 g や 0.00 g などにする。
- □(2)　上皿てんびんの使い方… ³（　　　　　　）なところに置く。⁴（　　　　　　）を使って、針が左右に ⁵（　　　　　　）ふれるようにする。
- □(3)　メスシリンダーの使い方… ⁶（　　　　　　）なところに置き、目の位置は ⁷（　　　　　　）と同じ高さにして、液面のいちばん ⁸（　　　　　　）ところを 1 目盛りの ⁹（　　　　　　）まで目分量で読みとる。
- □(4)　図の ⑩〜⑮

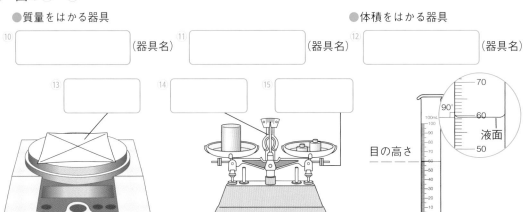

●質量をはかる器具　　　　　　　　　　　●体積をはかる器具

⑩ ＿＿＿＿＿（器具名）　⑪ ＿＿＿＿＿（器具名）　⑫ ＿＿＿＿＿（器具名）

⑬ ＿＿＿＿＿　　⑭ ＿＿＿＿＿　⑮ ＿＿＿＿＿

目の高さ　　　液面

要点
- ●単位体積あたりの質量を密度といい、物質の種類によってちがう値を示す。
- ●物質の質量はてんびんで測定し、液体の体積はメスシリンダーで測定する。

第1章　身のまわりの物質とその性質(2)

1 表は，5種類の物質の密度を表したものである。　▶▶ **1**

物質	銅	鉄	アルミニウム	エタノール	二酸化炭素
密度〔g/cm³〕	8.96	7.87	2.70	0.79	0.00184

□(1) 計算 エタノール 100.0 cm³ の質量は何 g か。　（　　　　）

□(2) 計算 二酸化炭素 50.0 L の質量は何 g か。　（　　　　）

□(3) 計算 鉄 1 m³ の質量は何 kg か。　（　　　　）

□(4) 計算 1円硬貨はアルミニウムからできていて，その質量は 1.00 g である。
1円硬貨の体積は，何 cm³ か。ただし，答えは，小数第4位を四捨五入して，
小数第3位まで求めなさい。　（　　　　）

□(5) 計算 ある物質 50.0 cm³ の質量は 448 g であった。この物質は何か。表の
物質から選びなさい。　（　　　　）

2 図1，図2の器具を使って，金属Xの密度を調べた。　▶▶ **2**

□(1) 図1の上皿てんびんで測定できる物質の量を何とい
うか。　（　　　　）

□(2) 上皿てんびんで，針が左右に等しくふれるように調
節するAを何というか。　（　　　　）

□(3) 上皿てんびんの正しい使い方はどれか。次の⑦〜⑦
から選びなさい。　（　　　　）

　⑦　分銅は重いものから順にのせていく。

　④　針が分銅をのせた側に傾いたら，のせ
た分銅の次に重い分銅を追加する。

　⑦　物質をはかるときも，薬品をはかりと
るときも，分銅をきき手側の皿にのせ
る。

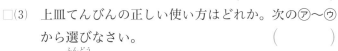
図1　金属X　分銅　A

図2

□(4) 計算 金属Xは，次の分銅とつり合った。金
属Xの質量は何 g か。　（　　　　）

　20 g 2個，5 g 1個，2 g 1個，1 g 1個，500 mg 1個，100 mg 1個

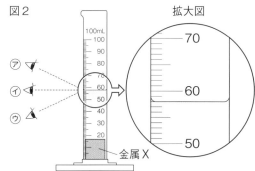
拡大図

□(5) 液体の体積をはかる，図2の器具を何というか。　（　　　　）

□(6) 器具の目盛りを読む目の位置として正しいのは，図2の⑦〜⑦のどれか。　（　　　　）

□(7) 計算 金属Xを入れる前に水 40.0 cm³ が器具に入っていた。①金属Xの体積は何 cm³ か。
また，②金属Xの密度は何 g/cm³ か。　①（　　　　）　②（　　　　）

ヒント　**1** **2** 密度〔g/cm³〕＝質量〔g〕÷体積〔cm³〕に値（あたい）を当てはめて計算する。

（　）と □ にあてはまる語句を答えよう。

1 ガスバーナーの使い方

教科書 p.87 ▶▶ ①

□(1) 火をつけるときは，初めに上下２つのねじが
①（　　　　　　　　）を確かめてから，
ガスの ②（　　　　　　　）を開く。コックつきの
ガスバーナーの場合は，③（　　　　　　）も
開く。

●火をつけるとき

炎を近づけてからガス調節ねじを開く。

□(2) 点火するときは，マッチに火をつけてから，
④（　　　　　　　）調節ねじを少しずつ開いて点
火する。

□(3) 炎を調節するときは，
⑤（　　　　　　　）調節ねじを開いて，
炎を適当な大きさに調節し，
⑥（　　　　　　　）調節ねじをおさえて，
⑦（　　　　　　　）調節ねじだけを少し
ずつ開いていく。

●ガスバーナーの炎と空気の量

空気の量が	空気の量が	空気の量が
13	14	15
している。	である。	。

□(4) 火を消すときは，⑧（　　　　　　）調
節ねじをおさえて，⑨（　　　　　　）
調節ねじを閉める。このとき，ねじ
はきつく閉め過ぎない。
次に ⑩（　　　　　）調節ねじを閉めて火を消す。最後に ⑪（　　　　　　　）を閉じる。コック
つきの場合は，コックを ⑫（　　　　　）に閉じる。

□(5) 図の ⑬〜㉑

●ねじの種類と操作

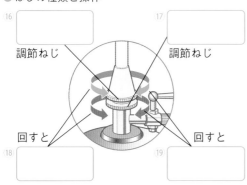

16		17	
調節ねじ		調節ねじ	

回すと → | 18 |

回すと → | 19 |

●火を消すとき

20		21	

⑳ ねじを閉める。 → ㉑ 調節ねじを閉める。

ガス調節ねじをおさえる。

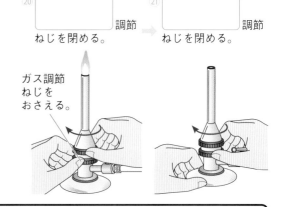

要点

●火をつけるときは，ガス調節ねじを開いて点火。
●火を消すときは，空気調節ねじ→ガス調節ねじの順に閉める。

1 図1のA・Bは，ガスバーナーのねじを表したものである。　▶▶ **1**

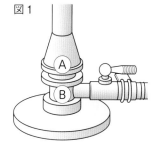

図1

□(1) ガスの量を調節するねじは，A・Bのどちらか。

（　　　　）

□(2) 次の⑦～㊅は，ガスバーナーに火をつけるときの各操作である。
正しい操作順に記号を並べて書きなさい。

（　　　）→（　　　）→（　　　）→（　　　）→（　　　）

⑦ マッチに火をつけてから，ガス調節ねじを少しずつ開い
て点火する。

④ ガス調節ねじ，空気調節ねじを少し開け，軽く閉める。

⑦ ガス調節ねじをおさえて，空気調節ねじを少しずつ開く。

㊤ ガス調節ねじを開いて，適切な大きさの炎にする。

㊥ ガスの元栓を開いて，コックを開く。

□(3) 図2のXのような炎を，Yのような炎にするには，どのような操作
をすればよいか。次の⑦～㊤から選びなさい。

（　　　　）

⑦ ガス調節ねじを少し開いて，ガスの量を多くする。

④ ガス調節ねじを少し閉め，ガスの量を少なくする。

⑦ 空気調節ねじを少し開いて，空気の量を多くする。

㊤ 空気調節ねじを少し閉め，空気の量を少なくする。

図2

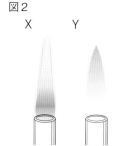

X　　　Y

□(4) 図3のような，適正な炎になったガスバーナーの火
を正しい手順で消すには，A～Dをどの手順で閉め
ればよいか。正しい操作を，次の⑦～㊤から１つ選
びなさい。

（　　　　）

⑦ ねじAをおさえてねじBを閉める。→ねじAを
閉める。→コックCを閉じる。→元栓Dを閉じる。

④ ねじBをおさえてねじAを閉める。→ねじBを
閉める。→コックCを閉じる。→元栓Dを閉じる。

⑦ コックCを閉じる。→元栓Dを閉じる。→ねじAをおさえてねじBを閉める。→ねじ
Aを閉める。

㊤ 元栓Dを閉じる。→コックCを閉じる。→ねじBをおさえてねじAを閉める。→ねじ
Bを閉める。

図3

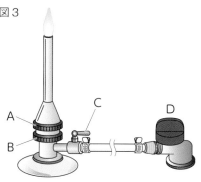

ヒント **1** (3) 炎が赤いのは，酸素不足で燃えなかった炭素が加熱されてかがやいているためである。

( )と◻にあてはまる語句を答えよう。

1 白い粉末の区別(調べ方の例)

教科書 p.86, 88〜90　▶▶**1**

◻(1) 次のような実験をしたら，それぞれの①( )からわかることを，根拠を明らかにして考察する。

◻(2) 図の②〜④

1 色や粒のようす，におい，②( )を
調べる。

指でこすり合わせる。　ルーペで見る。

2 ③( )に
入れたときのようす
を調べる。

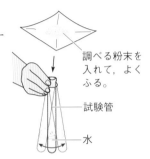

調べる粉末を
入れて，よく
ふる。

試験管

水

3 熱したときのようすを
調べる。

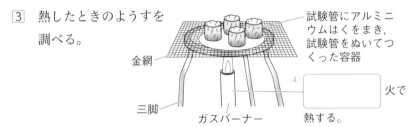

試験管にアルミニウムはくをまき，試験管をぬいてつくった容器

金網

三脚　ガスバーナー

④◻ 火で
熱する。

2 有機物と無機物

教科書 p.91　▶▶**2**

◻(1) 白砂糖やデンプンを熱するとこげて，やがて①( )(炭素)ができる。さらに強く熱すると，炎を出して二酸化炭素と②( )ができる。

◻(2) 炭素をふくむ物質を③( )といい，それ以外の物質を④( )という。

◻(3) 炭素や二酸化炭素は，⑤( )をふくむが有機物とは⑥( )。

◻(4) 加熱したときに⑦( )て，⑧( )が発生するかどうかによって，有機物か無機物かを見分けることができる。

よくふる

石灰水

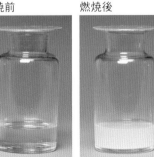

燃焼前　燃焼後

石灰水を白くにごらせる気体は，二酸化炭素だったね。

要点　●炭素をふくむ物質を有機物といい，有機物以外の物質を無機物という。

1 3種類の粉末A〜Cは，デンプン，白砂糖，食塩のいずれかである。A〜Cを区別するため，次の実験を行った。表は，その結果をまとめたものである。 ▶▶ **1**

実験　1．見た目や手ざわりを調べた。

　　　2．加熱したときのようすを調べた。

　　　3．水に入れたときのようすを調べた。

結果

	粉末A	粉末B	粉末C
実験1	手ざわりがさらさらしていた。	粒は立方体のような形をしていた。	粒の大きさはそろっていなかった。
実験2	黒くこげた。	パチパチとはねるだけで変化しなかった。	黒くこげた。
実験3	白くにごった。	とけた。	とけた。

□(1)　粉末A〜Cはそれぞれ何か。

A（　　　　　）　B（　　　　　）　C（　　　　　）

□(2)　AとCを加熱するとこげるのは，何がふくまれているからか。 （　　　　　）

2 スチールウール(鉄)A，白砂糖B，ロウC，食塩Dをそれぞれ燃焼さじにのせてガスバーナーで加熱し，そのときの変化を調べた。火がついた物質は図のようにして，石灰水が入った集気びんに入れ，火が消えてからとり出す。ふたをしてよくふり，石灰水の変化を観察した。 ▶▶ **2**

□(1)　加熱したとき，①火がつかなかったもの，②火がついたが炎を出さず，こげないので炭にならなかったものは，それぞれA〜Dのどれか。

①（　　　　　）　②（　　　　　）

ふたをして燃やす

燃焼さじ

燃え終わったらよくふる

石灰水

□(2)　A〜Dのうち，(1)の①，②で答えたもの以外は，どれも黒くこげて炭になり，石灰水を白くにごらせた。また，燃えているときに，集気びんの内側がくもった。

　①　炭は，主に何という物質でできているか。 （　　　　　）

　②　石灰水を白くにごらせた気体は何か。 （　　　　　）

　③　集気びんの内側についたくもりは何か。 （　　　　　）

ヒント　**1** (2) 食塩は燃えない。また，デンプンは水にとけない。

ミスに注意　**2** スチールウールは，鉄を繊維状（せんいじょう）にしたもの。ガスバーナーで熱すると，火がつく。

❶ 図1・2のようにして，白い粉末A～Cを調べた。表は，その結果をまとめたものである。また，A～Cは，砂糖・食塩・デンプンのどれかである。　27点

	A	B	C
図1	変化なし。	燃えて黒くなる。	燃えて黒くなる。
図2	とける。	よくとける。	ほとんどとけない。

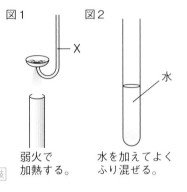

図1　弱火で加熱する。
図2　水を加えてよくふり混ぜる。
X
水

- □(1) 図1の加熱で用いた器具Xは何か。[技]
- □(2) B・Cが燃えたときに残った黒い物質に，最も多くふくまれているものは何か。
- □(3) [記述] B・Cが燃えたときに，水蒸気と気体Yが発生した。気体Yが何かを確かめるには，どのようにすればよいか。[技]
- □(4) 粉末A～Cのうち，無機物はどれか。
- □(5) 粉末Cは，砂糖・食塩・デンプンのうちのどれか。[思]

❷ 〈よく出る〉 表は，物質A～Eについて，それぞれの体積と質量を測定し，密度を求めたものである。　24点

	A	B	C	D	E
体積〔cm³〕	25.0	43.0	28.0	40.0	14.0
質量〔g〕	67.5	22.8	294.0	108.0	270.2
密度〔g/cm³〕		0.530	10.5	2.70	19.3

水

- □(1) [計算] Aの密度は何 g/cm³か。[技]
- □(2) A～Eの体積を同じにしたときの質量が，①最小，②最大のものは，それぞれどれか。[思]
- □(3) 水にうく物質は，A～Eのどれか。ただし，A～Eは，どれも水にとけないものとする。
- □(4) [記述] (3)で水にうく物質がどれかを判断した理由を簡潔に書きなさい。[思]

❸ ガスバーナーに火をつけたとき，炎が図のようになった。　17点

- □(1) ねじA・Bは，それぞれ何の量を調節するためのものか。[技]
- □(2) この状態から，炎を青い色にするためには，ねじA・Bをどのように操作すればよいか。それぞれ，次の⑦～⑦から選びなさい。[技]
  - ⑦　ⓐの向きに回す。
  - ⑦　ⓑの向きに回す。
  - ⑦　おさえて動かないようにする。
- □(3) 炎がオレンジ色のとき，炎の先の部分にスライドガラスをかざしたところ，一瞬ガラスがくもって，すすがついた。ガスは，有機物・無機物のどちらか。[思]

オレンジ色の炎
ⓐ　ⓑ
A
B

④ 図1のように，58.0 gのビーカーに入れた液体の質量を上皿てんびんで測定した。 技

15点

- □(1) 上皿てんびんの使い方として，誤っているものはどれか。次の⑦〜⑤から選びなさい。

  ⑦ 質量の大きい分銅から皿にのせていき，針が左右に等しくふれるように，分銅を変えていく。

  ⑦ 使い終わったら，両方の皿をてんびんからはずしてしまっておく。

  ⑰ 上皿てんびんは，水平な台に置いて使う。

  ⑤ 分銅は，必ずピンセットでつまむ。

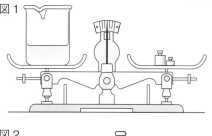

図1

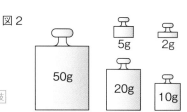

図2　50g　5g　2g　20g　10g

- □(2) 計算 図2の分銅をすべてのせたとき，上皿てんびんの針が左右に等しくふれた。液体の質量は何gか。 技

- □(3) 上皿てんびんや電子てんびんで粉末をはかりとるとき，皿にのせておくものは何か。

⑤ 料理に使うフライパンには，鉄やアルミニウムなどの金属と，プラスチックや木などの非金属が組み合わされているものがある。

点UP

17点

- □(1) 図のフライパンで焼かれている，①肉と②骨は，それぞれ有機物・無機物のどちらか。

- □(2) 記述 フライパンの加熱部分に鉄やアルミニウムが使われているのはなぜか。簡潔に書きなさい。 思

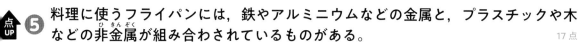

❶	(1)		5点	(2)			5点
	(3)						7点
	(4)		5点	(5)			5点
❷	(1)	g/cm³ 5点	(2) ①		4点	②	4点
	(3)		4点	(4)			7点
❸	(1) A	の量 3点	B			の量	3点
	(2) A		B		3点	(3)	5点
❹	(1)		5点	(2)	g 5点	(3)	5点
❺	(1) ①		5点	②			5点
	(2)						7点

定期テスト予報　有機物と無機物を実験的に区別する問題や密度を求める問題がよく出ます。有機物と無機物の性質のちがい，加熱器具の使い方をおさえましょう。密度の求め方にも慣れておきましょう。

（　）と　　　にあてはまる語句を答えよう。

1 二酸化炭素と酸素

教科書 p.94〜97　▶▶ **①**

- □(1)　石灰石にうすい塩酸を加えると，①（　　　　　　　　　　）が発生する。
- □(2)　二酸化炭素は②（　　　　　　　）を白くにごらせる。水にとけると③（　　　　　）性を示す。
- □(3)　④（　　　　　　　　　　　　　）にオキシドール（うすい過酸化水素水）を加えると，酸素が発生する。
- □(4)　⑤（　　　　　　　　）には物質を燃やすはたらきがあるが，⑤そのものは燃えない。
- □(5)　図の⑥〜⑪

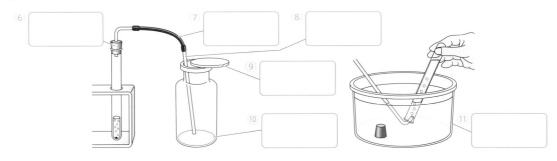

2 水素と窒素

教科書 p.97　▶▶ **②**

- □(1)　鉄や亜鉛などの①（　　　　　　　）にうすい塩酸や硫酸を加えると②（　　　　　　　　）が発生する。
- □(2)　水素は物質のなかでいちばん密度の③（　　　　　　　）物質である。また，空気中で燃えると④（　　　　　　）になる。
- □(3)　空気中に体積の割合で約78％ふくまれている気体が⑤（　　　　　　　）で，空気よりもわずかに密度が⑥（　　　　　　　），ふつうの温度では反応⑦（　　　　　　　）気体である。
- □(4)　図の⑧〜⑫

●水素の発生装置　物質名を書こう。

●空気の組成（体積の割合）

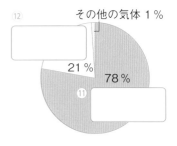

その他の気体 1％
21％
78％

要点
●二酸化炭素は石灰水を白くにごらせ，酸素は物質を燃やすはたらきがある。
●水素は密度が小さく，燃えると水になる。窒素は空気の約78％をしめている。

第2章　気体の性質(1)

❶ 図1のようにして，石灰石にうすい塩酸を加え，発生した気体を石灰水に通した。また，図2のようにして試験管に酸素を集めた。　▶▶ 1

□(1) 図1で発生した気体は何か。　（　　　　　　）

□(2) 石灰水の変化を，次の㋐〜㋓から選びなさい。（　　　）

　　㋐　赤色に変わる。　　　㋑　黄色に変わる。

　　㋒　青色に変わる。　　　㋓　白くにごる。

□(3) 発生した気体の性質を，次の㋐〜㋓から全て選びなさい。
　　　　　　　　　　　　　　　　　　（　　　　　　）

　　㋐　空気より密度が大きい。　　㋑　刺激臭がある。

　　㋒　酸性の水溶液をつくる。

　　㋓　ほかの物質を燃やすはたらきがある。

□(4) 図2の液体Aは何か。　（　　　　　　）

□(5) 集めた気体が酸素であることを確かめる方法を，次の㋐〜㋓から1つ選びなさい。　（　　　）

　　㋐　特有の刺激臭があるかどうかを調べる。

　　㋑　水を少量入れ，水へのとけやすさを調べる。

　　㋒　火のついた線香を入れて，物質を燃やす性質があるかどうかを調べる。

　　㋓　火のついたマッチを近づけ，自らが燃える性質があるかどうかを調べる。

図1

うすい塩酸
石灰水
石灰石

図2

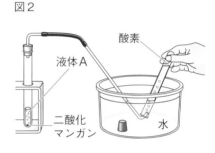

酸素
液体A
二酸化マンガン
水

❷ 図1のように，亜鉛にうすい塩酸を加えて，発生した気体を集めた。　▶▶ 2

□(1) 発生した気体は何か。　（　　　　　　）

□(2) 発生した気体を図1のようにして集められるのは，気体にどのような性質があるためか。次の㋐〜㋓から1つ選びなさい。　（　　　）

　　㋐　水にとけにくい。　　　㋑　においがない。

　　㋒　空気より軽い。　　　　㋓　燃えやすい。

□(3) 図2のように，集めた気体にマッチの火を近づけた。この操作からわかる気体の性質はどれか。次の㋐〜㋓から1つ選びなさい。　（　　　）

　　㋐　他の物質を燃やすはたらきがある。　　㋑　よく燃える。

　　㋒　他の物質を燃やすはたらきがない。　　㋓　燃えない。

図1

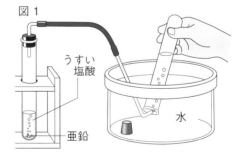

うすい塩酸
水
亜鉛

図2

ヒント ❶(5) 酸素には，他の物質を燃やす性質，水素には，自らが燃える性質がある。

( )と□にあてはまる語句を答えよう。

1 アンモニア

教科書 p.98, 100　▶▶**1**

□(1)　アンモニア水を加熱すると，①(　　　　　　　　　)が発生する。

□(2)　塩化アンモニウムと水酸化カルシウムを熱するときは，試験管の口を底よりもわずかに②(　　　　　　　　)。

□(3)　アンモニアには，鼻をさすような③(　　　　　　　)があり，水に非常によくとけ，その水溶液は④(　　　　　　)性を示す。空気よりも密度が⑤(　　　　　　)。

□(4)　フェノールフタレイン溶液は，⑥(　　　　　　　)性で赤色になる。

□(5)　図の⑦

塩化アンモニウムと水酸化カルシウム

試験管の口に水がたまるよ。

水でぬらしたリトマス紙

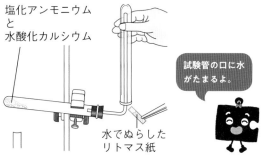

●アンモニアの噴水

アンモニア

⑦

溶液を加えた水

2 気体の性質と集め方

教科書 p.99　▶▶**2**

□(1)　水にとけない，または水にとけにくい気体は①(　　　　　　　)で集める。

□(2)　水にとけやすく，空気より密度が小さい気体は②(　　　　　　　)で集める。

□(3)　水にとけやすく，空気より密度が大きい気体は③(　　　　　　　)で集める。

□(4)　二酸化炭素は，④(　　　　　)と⑤(　　　　　)で集めることができる。

□(5)　気体の集め方(図の⑥～⑫)

水に ⑥□ 気体

水に ⑦□ 気体

空気より密度が ⑧□ 。

空気より密度が ⑨□ 。

⑩□ 法

⑪□ 法

⑫□ 法

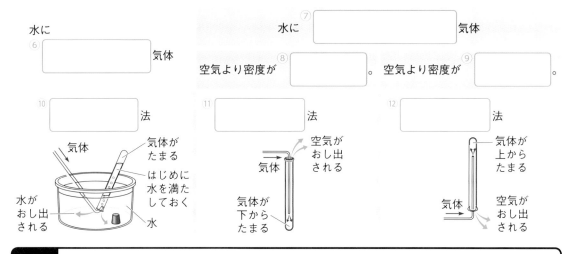

気体

気体がたまる

はじめに水を満たしておく

水がおし出される

水

空気がおし出される

気体

気体が下からたまる

気体が上からたまる

気体

空気がおし出される

要点

●アンモニアは空気より密度が小さく，その水溶液はアルカリ性である。
●気体は水へのとけやすさや密度の大きさなどを考えて集める方法を決める。

第2章　気体の性質(2)

▶▶ **1**

① 図のようにして，2種類の物質を混ぜ合わせて加熱し，発生したアンモニアを試験管に集めた。

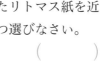

2種類の物質

□(1) 混合した2種類の物質は何か。次の㋐～㋗から2つ選びなさい。

（　　　　　　）

㋐　炭酸水素ナトリウム　　㋑　二酸化マンガン

㋒　塩化アンモニウム　　　㋓　マグネシウム

㋔　水酸化カルシウム　　　㋕　石灰石

□(2) 気体を集めた試験管の口に，水でぬらしたリトマス紙を近づけるとどうなるか。次の㋐～㋓から1つ選びなさい。

（　　　　　　）

㋐　赤色リトマス紙が青色に変わる。　　㋑　リトマス紙が漂白される。

㋒　青色リトマス紙が赤色に変わる。　　㋓　リトマス紙の色は変わらない。

□(3) アンモニアの性質として当てはまるものを，次の㋐～㋕からすべて選びなさい。

（　　　　　　）

㋐　空気より密度が大きい。　　㋑　空気より密度が小さい。

㋒　水に非常によくとける。　　㋓　水にとけにくい。

㋔　特有の刺激臭がある。　　　㋕　かすかにあまいにおいがする。

□(4) 次の㋐～㋓から，アンモニアが発生するものを1つ選びなさい。　（　　　　　）

㋐　鉄にうすい硫酸を加える。　　㋑　炭酸水を加熱する。

㋒　アンモニア水を加熱する。　　㋓　湯の中に発泡入浴剤を入れる。

② 図のA～Cは，気体の集め方である。

▶▶ **2**

□(1) 集め方A～Cを，それぞれ何というか。

A　B　C

水

A（　　　　　　）

B（　　　　　　）

C（　　　　　　）

□(2) 次の性質をもつ気体に適した集め方は，それぞれ図のA～Cのどれか。

①　水にとけにくい気体　　　　　　　　　　　　　　　　　　（　　　　　）

②　水にとけやすく，空気より密度が大きい気体　　　　　　　（　　　　　）

③　水にとけやすく，空気より密度が小さい気体　　　　　　　（　　　　　）

□(3) ふつう，次の気体の集め方は，それぞれ図のA～Cのどれか。

①　水素　（　　　　　）　　②　酸素　（　　　　　）　　③　アンモニア　（　　　　　）

ヒント　❶ (2)青色リトマス紙を赤くするのは酸性，赤色リトマス紙を青くするのはアルカリ性。

第2章　気体の性質

時間 30分 ／100点　合格70点　解答 p.14

よく出る **①** **図1は，理科実験で使う器具を表している。**　　　　　29点

□(1) 作図 図1の器具から適切なものを4つ選び，水上置換法の装置を図2の □ にかきなさい。技

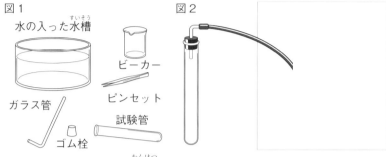

図1　水の入った水槽　ビーカー　ガラス管　ピンセット　ゴム栓　試験管

図2

□(2) 記述 図2の装置で気体を集めるとき，はじめに出てくる気体は捨てる。その理由を簡潔に書きなさい。思

□(3) 記述 気体のにおいは，どのようにしてかぐか。簡潔に書きなさい。技

□(4) 水上置換法で集めることができる気体はどれか。次の⑦～⑤から全て選びなさい。

　⑦　水にとけやすく，空気より密度が小さい気体。

　④　水にとけやすく，空気より密度が大きい気体。

　⑤　水にとけにくく，空気より密度が小さい気体。

　⑤　水にとけにくく，空気より密度が大きい気体。

② **図は，空気の組成（体積の割合）を表したものである。**　　　　42点

□(1) 空気にふくまれている気体A・Bは，それぞれ何か。

□(2) 気体Aは，スナック菓子のふくろの中につめられていることがある。これは，気体Aのどのような性質を利用したものか。次の⑦～⑤から1つ選びなさい。

　⑦　ふつうの温度では反応しにくい。

　④　水蒸気を吸収しやすい。

　⑤　空気よりも密度が小さい。

　⑤　水にとけにくい。

その他の気体　約1%
B　約21%
A　約78%

□(3) 気体Bを発生させたい。正しい発生方法を次の⑦～⑤から1つ選びなさい。技

　⑦　鉄にうすい塩酸を加える。　　　④　湯の中に発泡入浴剤を入れる。

　⑤　レバーにオキシドールをかける。　⑤　貝がらにうすい塩酸を加える。

□(4) 気体Bの性質として適当なものを次の⑦～⑤から全て選びなさい。

　⑦　無色，無臭である。　　　　　　④　石灰水を白くにごらせる。

　⑤　物質のなかでいちばん密度が小さい。　⑤　物質を燃やすはたらきがある。

　⑤　燃える気体である。　　　　　　⑤　緑色のBTB溶液を青色に変える。

□(5) 図中のその他の気体のうち，最も多い気体は何か。次の⑦～⑤から1つ選びなさい。

　⑦　二酸化炭素　　④　アルゴン　　⑤　ヘリウム　　⑤　ネオン

　成績評価の観点　技…観察・実験の技能　思…科学的な思考・判断・表現

❸ かわいた丸底フラスコにアンモニアを満たし，図のような装置をつくった。スポイトの水をフラスコの中に入れると，フェノールフタレイン溶液を加えた無色の水がふき上がって色が変わった。

29点

実験 アンモニアを次のA～Cの方法で発生させた。

A　アンモニア水をおだやかに加熱した。

B　塩化アンモニウムと水酸化ナトリウムの混合物に水を注いだ。

C　塩化アンモニウムと水酸化カルシウムの混合物を加熱した。

（右図のラベル）
- アンモニア
- かわいた丸底フラスコ
- 水を入れたスポイト
- 先を細くしたガラス管
- フェノールフタレイン溶液を数滴加えた水

□(1)　A～Cの方法で発生させたアンモニアの性質について正しく述べたものはどれか。次の⑦～㋔から選びなさい。

　⑦　アンモニアの性質はどれもちがう。

　㋑　Aのアンモニアだけがちがう。

　㋒　Bのアンモニアだけがちがう。

　㋓　Cのアンモニアだけがちがう。

　㋔　アンモニアの性質はどれも同じ。

□(2)　無色のフェノールフタレイン溶液の色を変える水溶液の性質は何性か。

□(3)　ふき上がった水の色は何色になったか。次の⑦～㋓から1つ選びなさい。技

　⑦　青色　　　㋑　赤色　　　㋒　黄色　　　㋓　緑色

□(4)　記述 ビーカーの水がふき上がったのは，アンモニアにどのような性質があるためか。簡潔に書きなさい。思

❶	(1)　　　　図2に記入 8点		
	(2) 7点		
	(3) 7点		
	(4) 7点		
❷	(1)　A 7点	B 7点	(2) 7点
	(3) 7点	(4) 7点	(5) 7点
❸	(1) 7点	(2) 7点	(3) 7点
	(4) 8点		

定期テスト予報　気体の発生方法と集め方，見分け方などがよく出ます。
空気と比べた密度の大きさ，水へのとけ方，水溶液の性質をおさえましょう。

（　）にあてはまる語句を答えよう。

1 水溶液

教科書 p.104 ～ 108　▶▶ 1

- □(1) 物質がとける…液が [1]（　　　　　）になり，液のこさはどの部分も [2]（　　　　　）で，時間がたっても液のこさは [3]（　　　　　）。

- □(2) 砂糖を水にとかして砂糖水にしたとき，砂糖のようにとけている物質を [4]（　　　　　）といい，溶質をとかす液体を [5]（　　　　　）という。

- □(3) 溶質が溶媒にとけた液全体を [6]（　　　　　）といい，溶媒が水の溶液を [7]（　　　　　）という。

- □(4) 水，砂糖など，1種類の物質でできている物を純粋な物質，または [8]（　　　　　）といい，砂糖水のように，いくつかの物質が混じり合った物を [9]（　　　　　）という。

- □(5) ろ過のしくみ…ろ紙のあなより [10]（　　　　　）物質だけがろ紙のあなを通りぬける。

●砂糖が水にとけるようす（粒子のモデル）

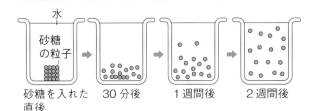

水
砂糖の粒子
砂糖を入れた直後　30分後　1週間後　2週間後

●ろ過のしかた

液は，ガラス棒を伝わらせて入れる。

ガラス棒はろ紙が重なっているところに当てる。

ガラス棒

ろうとのあしのとがった方をビーカーのかべにつける。

ろうと台

2 溶液の濃度

教科書 p.109　▶▶ 2

- □(1) 溶液のこさのことを [1]（　　　　　）といい，同じ質量の溶液にとけている [2]（　　　　　）の質量によって変わる。

- □(2) 溶液の濃度を，溶質の質量が溶液全体の質量の何%にあたるかで表したものを [3]（　　　　　）という。

- □(3) 質量パーセント濃度を求める式
  質量パーセント濃度〔%〕
  $$= \frac{[4]（\qquad）の質量〔g〕}{[5]（\qquad）の質量〔g〕} \times 100 = \frac{[6]（\qquad）の質量〔g〕}{溶質の質量〔g〕+[7]（\qquad）の質量〔g〕} \times 100$$

●質量パーセント濃度の求め方

溶質の質量
──────── ×100

溶質の質量 ＋

溶媒の質量

要点
●溶液は溶質と溶媒からできている透明で均一な混合物である。
●質量パーセント濃度は溶質の質量が溶液の質量の何%にあたるかで表す。

単元 2

身のまわりの物質 —— 教科書103〜109ページ

1 食塩を水にとかして食塩水をつくった。　▶▶ **1**

□(1)　物質がとけた液全体を何というか。　（　　　　　）

□(2)　食塩水のように，物質が水にとけた液全体を何というか。　（　　　　　）

□(3)　食塩水の食塩のように，液体にとけている物質を何というか。　（　　　　　）

□(4)　食塩水の水のように，物質をとかしている液体を何というか。　（　　　　　）

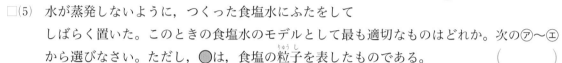
水　食塩

食塩水

□(5)　水が蒸発しないように，つくった食塩水にふたをしてしばらく置いた。このときの食塩水のモデルとして最も適切なものはどれか。次の⑦〜①から選びなさい。ただし，●は，食塩の粒子を表したものである。　（　　　　　）

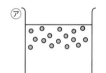　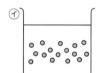　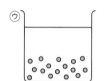　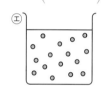
⑦　　　　　　　　①　　　　　　　　⑦　　　　　　　　①

2 砂糖25gを水100gにとかして砂糖水をつくった。　▶▶ **2**

□(1)　計算 砂糖水の質量は何gか。　（　　　　　）

□(2)　計算 砂糖水の質量パーセント濃度は何％か。　（　　　　　）

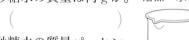
溶媒　水100g

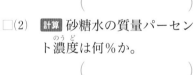

溶質　砂糖25g

溶液　砂糖水

?　％

□(3)　この砂糖水を正確に半分に分け，A・Bとした。

　①　計算 Aから砂糖水10gをはかりとり，ゆっくり水だけを蒸発させた。残った砂糖は何gか。　（　　　　　）

　②　計算 ①で砂糖水10gをとった残りのAに水10gを加えた。水を加えてできた砂糖水の質量パーセント濃度は何％か。　（　　　　　）

　③　計算 Bを全部使って，質量パーセント濃度10％の砂糖水をつくりたい。何を何g加えればよいか。　（　　　　　　　）を（　　　　　　　）g加える。

□(4)　計算 質量パーセント濃度15％の砂糖水を400gつくるには，①砂糖何gを，②水何gにとかせばよいか。　①（　　　　　）　②（　　　　　）

ヒント **2** 質量パーセント濃度〔％〕＝溶質の質量〔g〕÷溶液の質量〔g〕×100

（　）にあてはまる語句を答えよう。

1 溶解度

教科書 p.113 ▶▶ ❶

□(1)　一定量の水に物質をとかし，それ以上とけることができなくなった状態を ①(　　　　　) 状態といい，そのときの水溶液をその物質の ②(　　　　　) 水溶液という。

□(2)　ある物質を 100 g の水にとかして飽和水溶液にしたときの，とけた物質の質量を ③(　　　　　) という。

□(3)　水の温度に対する溶解度をグラフに表したもののことを ④(　　　　　) という。

□(4)　⑤(　　　　　)(食塩)は，溶解度が温度によってほとんど ⑥(　　　　　)。

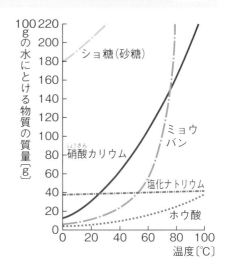

2 再結晶

教科書 p.112〜114 ▶▶ ❷

□(1)　いくつかの平面で囲まれた規則正しい形をした固体を ①(　　　　　) という。

□(2)　結晶の ②(　　　　　) は，物質によって決まっている。

□(3)　固体の物質をいったん水にとかし，温度による ③(　　　　　) の差を利用して，再び結晶としてとり出すことを ④(　　　　　) という。

□(4)　再結晶を利用することで，少量の不純物をふくむ物質から，結晶となった ⑤(　　　　　) な物質をとり出すことができる。

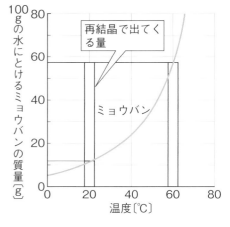

小学校でも食塩などをとり出したね。

□(5)　塩化ナトリウムのように，溶解度が温度によってほとんど変わらない物質を水溶液からとり出すときは，水を ⑥(　　　　　) させてとり出せばよい。

要点

●水 100 g でつくった飽和水溶液にとけている溶質の質量が溶解度である。

●水溶液から温度による溶解度の差を利用して結晶をとり出すことを再結晶という。

1 図は，水100gにとける硝酸カリウムと塩化ナトリウムの質量と水の温度変化の関係を表したグラフである。　▶▶ **1**

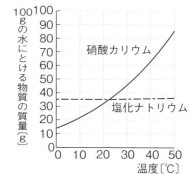

□(1) 物質がそれ以上とけることができない水溶液を，何というか。　（　　　　　　　）

□(2) 水100gにとける物質の質量を，溶解度という。図のように，水の温度と溶解度の関係をグラフに表したものを何というか。　（　　　　　　　）

□(3) ①20℃，②50℃の水100gに多くとけるのは，それぞれ硝酸カリウムと塩化ナトリウムのどちらか。
　　①（　　　　　　　）②（　　　　　　　）

□(4) 水の温度が変化すると，溶解度が大きく変化するのは，硝酸カリウムと塩化ナトリウムのどちらか。　（　　　　　　　）

2 表は，硝酸カリウムの溶解度(g/水100g)を表している。　▶▶ **2**

□(1) 計算 80℃の水200gに硝酸カリウムを150gとかした後，この水溶液の温度を10℃まで下げると，硝酸カリウムの固体は何g出てくるか。　（　　　　　　　）

□(2) 出てきた硝酸カリウムと水溶液を分けるには，どうすればよいか。　（　　　　　　　）

水の温度〔℃〕	硝酸カリウム
0	13.3
10	22.0
20	31.6
40	63.9
60	109.2
80	168.8

□(3) 得られた硝酸カリウムの固体は，いくつかの平面に囲まれた規則正しい形をしていた。

① このような規則正しい形の固体を何というか。　（　　　　　　　）

② 硝酸カリウムの固体がじゅうぶんに成長するとどのような形になるか。次の⑦～⑨から1つ選びなさい。　（　　　　　　　）

□(4) この実験のように固体を水にとかし，溶解度の差を利用して再び固体をとり出す方法を何というか。　（　　　　　　　）

□(5) (4)の方法を利用して固体をとり出すと，どのような利点があるか。次の文の（　）に適当な語句を入れなさい。

　不純物をふくんだ物質から（　　　　　　　）な物質が得られる。

① 水100gに砂糖20gを入れて完全にとかした。　　45点

□(1) 作図 砂糖が完全にとけた後の水溶液のモデルを図中にかきなさい。技

□(2) 記述 砂糖がとける前後で，全体の質量が変わらない理由を簡潔に書きなさい。思

□(3) 砂糖が水にとけた後，砂糖が見えなくなって，液が透明になるのはなぜか。次の⑦〜⑦から1つ選びなさい。

　⑦　砂糖の粒子は，水にとけると，その大きさが小さくなるから。

　⑦　砂糖の粒子は，水にとけると光を通すようになるから。

　⑦　砂糖の粒子は，その大きさが非常に小さいから。

□(4) 計算 できた砂糖水の濃度は何%か。答えは小数第1位を四捨五入して整数で書きなさい。技

□(5) 計算 できた砂糖水をおだやかに加熱して，濃度が40%の砂糖水をつくった。砂糖水の質量は何gになったか。思

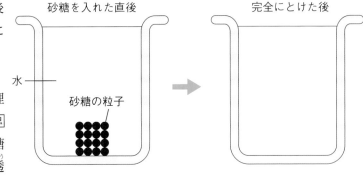

砂糖を入れた直後　　　　　　完全にとけた後

水

砂糖の粒子

② 細かい砂の混ざった食塩水がある。これをろ過して，細かい砂をとり除く実験をした。　　25点

□(1) 作図 図1の器具を，正しい操作になるように，図2にかき加えなさい。ただし，ろ紙でかくれて見えない部分は破線でかき，手はかかなくてよい。技

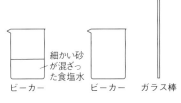

図1

細かい砂が混ざった食塩水

ビーカー　　ビーカー　　ガラス棒

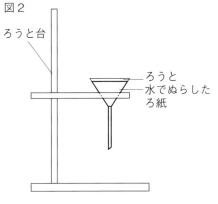

図2

ろうと台

ろうと

水でぬらしたろ紙

□(2) ろ過して得られた食塩水をスライドガラスに1滴とり，水を蒸発させてから観察したところ，塩化ナトリウムの結晶が見られた。この結晶はどのような形をしていたか。次の⑦〜⑤から1つ選びなさい。

⑦　　⑦　　⑦　　⑤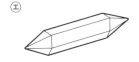

□(3) 記述 ろ過によって，砂と食塩水を分けられるのはなぜか。簡潔に書きなさい。思

❸ 固体の溶解度を調べるために，4種類の固体(硝酸カリウム，ミョウバン，塩化ナトリウム，砂糖)を用意し，次の実験①〜④を行った。ただし，加熱による水の減少はないものとする。また，図のグラフは，4種類の固体の溶解度曲線を表している。 思 30点

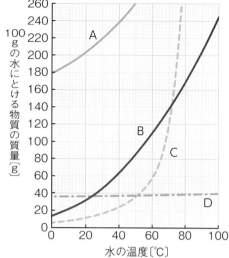

実験 ① 4つのビーカーを用意し，それぞれに水100 gを入れ，水温を20 ℃に保った。

② 4種類の固体を50 gずつ①のビーカーに入れてよくかき混ぜた後，水溶液の温度を20 ℃に保ちながら放置すると，砂糖だけが全てとけ，他の3つの固体はとけ残った。

③ ②でとけ残った3つの水溶液の温度を40 ℃まで上げ，よくかき混ぜた後，40 ℃に保って放置すると，硝酸カリウムだけが全てとけ，他の2つの固体はとけ残った。

④ ③でとけ残った2つの水溶液の温度を60 ℃まで上げ，よくかき混ぜた後，60 ℃に保って放置すると，ミョウバンは全てとけたが，塩化ナトリウムはとけ残った。

□(1) ミョウバンの溶解度曲線は，図のA〜Dのどれか。

 □(2) この実験についての説明として，誤りをふくむものはどれか。次の⑦〜⊆から選びなさい。

⑦ 砂糖は20 ℃で全てとけた。このときの砂糖の水溶液は飽和水溶液である。

⑦ 塩化ナトリウムの固体は60 ℃で一部とけ残った。このときの塩化ナトリウムの水溶液は飽和水溶液である。

⑦ ②で，固体がとけ残った3つの水溶液の濃度は，全て異なっている。

⊆ ④で，塩化ナトリウム水溶液の温度を80 ℃にしても，固体は一部とけ残っている。

□(3) 記述 図のDは，飽和水溶液の温度を下げる再結晶には適さない。その理由を簡潔に書きなさい。

単元 2 身のまわりの物質 — 教科書103〜116ページ

定期テスト予報 質量パーセント濃度や溶質・溶媒の質量の問題や溶解度曲線と再結晶を関連づけた問題が出ます。濃度を求める公式や溶解度についておさえましょう。

( )と□にあてはまる語句を答えよう。

1 状態変化と体積・質量

教科書 p.119〜123　▶▶ ❶

- □(1) 温度によって物質の状態が変わることを物質の①( )という。
- □(2) 図の②〜④

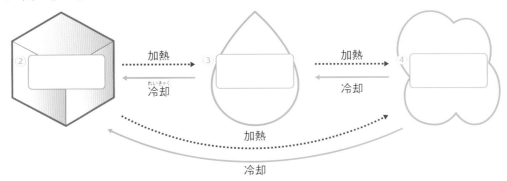

- □(3) いっぱんに，ロウなどの物質が液体から固体に状態変化すると，
  その体積は⁵( )が，固体から液体に状態変化すると，
  その体積は⁶( )。

水はあたためると，体積が大きくなったね。

- □(4) 物質が液体から固体に状態変化するときや，固体から液体に状態
  変化するとき，その⁷( )は変化しない。

2 状態変化と粒子のモデル

教科書 p.123〜125　▶▶ ❷

- □(1) 物質の体積は，物質をつくっている粒子の¹( )方によってちがってくる。
- □(2) 物質をつくる粒子と粒子の間が広がると，全体の²( )は大きくなる。
- □(3) 状態変化では，物質の状態や³( )は変化するが，粒子の⁴( )そのものは変化しないので，⁵( )は変化しない。
- □(4) 図の⑥〜⑧

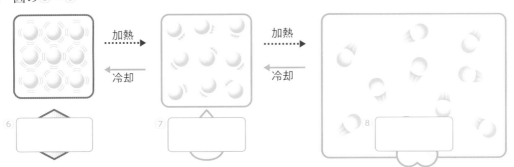

要点
- ●物質が状態変化するとき，体積は変化するが，質量は変化しない。
- ●温度が高くなるにつれて，物質をつくっている粒子の間隔が大きくなる。

単元2 身のまわりの物質 — 教科書117〜125ページ

1 図のようにポリエチレンのふくろに入れた液体のエタノールに熱湯をかけるとふくろがふくらみ，エタノールが見えなくなった。　▶▶ **1**

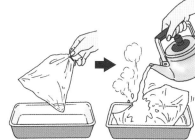

□(1) 液体について正しく説明したものはどれか。次の⑦〜⑨から1つ選びなさい。　（　　　）

　　⑦　一定の形があり，体積も一定である。

　　⑦　一定の形はないが，体積が一定で圧縮しにくい。

　　⑦　形や体積が一定ではなく，圧縮することができる。

□(2) ふくろがふくらんだときのエタノールの状態は何か。　（　　　）

□(3) ふくらんだふくろを冷やすと，ふくろはどうなるか。　（　　　）

□(4) 物質は，その温度によって，固体・液体・気体と，その状態を変える。

　　①　温度によって，物質がその状態を変えることを何というか。　（　　　）

　　②　物質の状態が変わると，その物質の種類はどうなるか。　（　　　）

2 ロウが液体から固体になるときの体積の変化を調べた。　▶▶ **2**

□(1) 液体のロウが冷えて固体になるとき，その表面のようすはどうなるか。次の⑦〜⑨から1つ選びなさい。　（　　　）

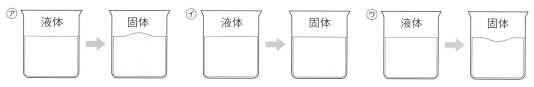

□(2) 液体のロウが冷えて固体になると，その質量はどうなるか。　（　　　）

□(3) 物質の状態変化では，体積と質量はどうなるか。次の⑦〜①から1つ選びなさい。　（　　　）

　　⑦　体積も質量も変化しない。　　　⑦　体積は変化しないが，質量は変化する。

　　⑦　体積も質量も変化する。　　　①　体積は変化するが，質量は変化しない。

□(4) 物質は，粒子によって構成されていると考え，固体・液体・気体を次の⑦〜⑨のように表した。気体のモデルとして，適切なものはどれか。　（　　　）

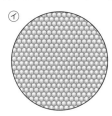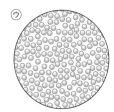

ヒント **1 2** 状態変化は，温度などによって，物質の構成粒子の集まり方が変わる変化である。

( )と[ ]にあてはまる語句を答えよう。

1 状態変化が起こるときの温度

教科書 p.126 ～ 128　▶▶ 1

□(1) 液体を熱して，ある温度になると①(　　　　　)が始まる。

□(2) 純粋な物質が沸騰している間は温度が②(　　　　　)である。

□(3) 液体が沸騰して気体になるときの温度を③(　　　　　)という。

□(4) 固体がとけて液体になるときの温度を④(　　　　　)という。

□(5) 純粋な物質が状態変化するときの温度は，物質の⑤(　　　　　)には関係なく，物質の⑥(　　　　　)によって決まっている。

□(6) 純粋な物質が状態変化している間は，物質を熱し続けても⑦(　　　　　)は変わらない。

□(7) 図の⑧，⑨

●純粋な物質の温度変化と状態変化

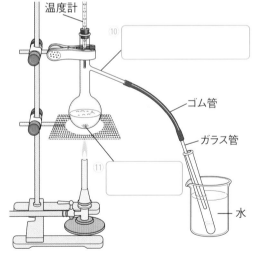

2 蒸留

教科書 p.129 ～ 131　▶▶ 2

□(1) 蒸留装置のポイント
・突然沸騰する(突沸する)のを防ぐため①(　　　　　)を入れて熱する。
・温度計の球部は，②(　　　　　)の高さにして，出てくる③(　　　　　)の温度をはかる。
・ガラス管の④(　　　　　)が，たまった液の中に入らないようにする。

□(2) 水とエタノールの⑤(　　　　　)を熱したとき，沸点は決まった温度にはならない。また，そのときの温度変化のしかたも，混合する物質の⑥(　　　　　)によって変わってくる。

□(3) 液体を熱して⑦(　　　　　)させ，出てくる蒸気(気体)を冷やして，再び液体としてとり出すことを⑧(　　　　　)という。

□(4) ちがう種類の液体が混ざり合った混合物は，⑨(　　　　　)のちがいを利用した蒸留によって，それぞれの物質に分けることができる。

□(5) 図の⑩，⑪

温度計

ゴム管

ガラス管

水

要点

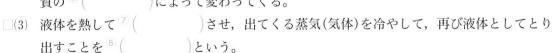

●固体がとける融点や液体が沸騰する沸点は，物質の種類によって決まっている。
●液体の混合物は，沸点のちがいを利用した蒸留によって分けることができる。

単元2

身のまわりの物質 ― 教科書126〜133ページ

① 氷（固体の水）を一定の強さでゆっくり加熱する実験を行った。図は，そのときの水の温度変化を表したグラフである。　▶▶ **1**

□(1)　図の温度X・Yは，それぞれ水の何か。

X（　　　　　）　Y（　　　　　）

□(2)　固体の水と液体の水が両方見られるのは，図のA〜Dのどこか。　（　　　　　）

□(3)　表は，5種類の物質ⓐ〜ⓔのX・Yをまとめたものである。−200℃では固体で，100℃では気体の物質は，ⓐ〜ⓔのどれか。　（　　　　　）

	ⓐ	ⓑ	ⓒ	ⓓ	ⓔ
X〔℃〕	−218	−115	−39	63	1535
Y〔℃〕	−183	78	357	360	2750

② 図1のようにして，水9cm³とエタノール3cm³が混ざり合った液体を弱火で加熱し，出てきた液体を約2cm³ずつ3本の試験管ア〜ウに集めた。図2は，このときの温度変化を表したものである。　▶▶ **2**

□(1)　この実験で熱した液体のように，いくつかの物質が混ざり合ったものを何というか。
（　　　　　）

□(2)　加熱中に液が急に沸騰するのを防ぐため，加熱を始める前に，枝つきフラスコにAを入れた。Aは何か。　（　　　　　）

□(3)　水とエタノールを比べたとき，沸点が低いのはどちらか。　（　　　　　）

□(4)　枝つきフラスコの中の液体の沸騰が始まったのは，図2のⓐ〜ⓓのどこか。　（　　　　　）

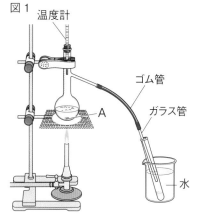

図1
温度計
ゴム管
ガラス管
A
水

□(5)　①1本目の試験管ア，②3本目の試験管ウに集められた液体は，それぞれどのようなものか。次のⓐ〜ⓒから選びなさい。

①（　　　　　）　②（　　　　　）

ⓐ　エタノールに少量の水が混じった液体。
ⓘ　エタノールと水がほぼ同量混じり合った液体。
ⓙ　水に少量のエタノールが混じった液体。

□(6)　この実験のように，液体を沸騰させて得られた気体を集めて冷やし，再び液体を得る操作を何というか。　（　　　　　）

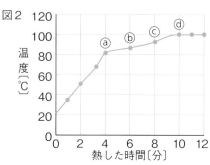

図2

第4章
物質の姿と状態変化

時間30分　／100点　合格70点　解答 p.17

① 図は，温度によって物質の状態が変化することを表し，矢印ⓐ～ⓕは加熱または冷却である。

30点

□(1) 矢印ⓐ～ⓕのうち，冷却を表したものを3つ選びなさい。

□(2) 少量のエタノールを入れて口を閉じたポリエチレンのふくろに湯をかけたところ，ふくろは大きくふくらんだ。

① ふくろが大きくふくらんだときのエタノールの状態変化を表す矢印は，ⓐ～ⓕのどれか。

② ふくろがふくらんだとき，エタノールの体積はどうなったか。

③ ふくろがふくらんだとき，エタノールの質量はどうなったか。

□(3) 液体の水が①氷と②水蒸気になるとき，その体積はそれぞれどうなるか。

固体 →ⓐ← 液体 →ⓒ← 気体
　　　ⓑ　　　　　ⓓ
　　　　　　ⓔ
　　　　　　ⓕ

② 物質A～Eを加熱したとき，状態が変化する温度を表にまとめた。

30点

	A	B	C	D	E
固体がとけて液体になる温度X〔℃〕	−218	−115	−39	0	63
液体が沸騰して気体になる温度Y〔℃〕	−183	78	357	100	360

□(1) 温度X・Yをそれぞれ何というか。

□(2) 常温(20℃)で固体の物質はどれか。表のA～Eから1つ選びなさい。 技

□(3) −20℃では固体，20℃では液体の物質はどれか。表のA～Eから1つ選びなさい。 技

□(4) エタノールはどれか。表のA～Eから1つ選びなさい。 技

③ 固体のロウをビーカーでおだやかに加熱した。ロウが全てとけて液体になったところで加熱をやめ，図1のように液面の高さに印をつけた。しばらく放置すると，ロウは図2のように固体になった。

10点

□(1) 液体のロウが固体のロウに変化するときに当てはまる現象を，次の⑦～⊆から1つ選びなさい。

⑦ ロウの粒子の運動が激しくなった。

⑦ ロウの粒子の運動がおだやかになった。

⑦ ロウの粒子の数が減った。

⊆ ロウの粒子の大きさが大きくなった。

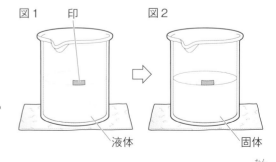

図1　印　　図2

液体　　固体

□(2) 記述 液体のロウの中に固体のロウを入れると，固体のロウはどうなるか。理由とともに簡潔に書きなさい。 思

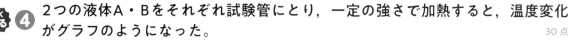

4 2つの液体A・Bをそれぞれ試験管にとり，一定の強さで加熱すると，温度変化がグラフのようになった。

30点

- □(1) 純粋な物質の液体の加熱を続けても，その温度が変わらなくなったときの温度を何というか。
- □(2) Bが沸騰し始めたのは，加熱を始めてから何分後か。整数で答えなさい。技
- □(3) グラフから，A・Bの物質の種類についていえることは何か。次の㋐～㋒から1つ選びなさい。思
  - ㋐ AとBは異なる種類の物質である。
  - ㋑ AとBは同じ種類の物質である。
  - ㋒ この実験結果からだけでは，AとBの物質の種類については判断することができない。

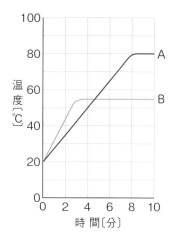

- □(4) Aの量をふやしてから，グラフの結果を得たときと同じ条件で加熱した。思
  - ① Aが沸騰し始めるまでの時間は，もとの実験と比べてどうなるか。次の㋐～㋒から1つ選びなさい。
    - ㋐ 短くなる。　　　㋑ 変わらない。　　　㋒ 長くなる。
  - ② 加熱を続けても，Aの温度が変わらなくなったときの温度は，Aをふやす前とくらべてどうなるか。次の㋐～㋒から1つ選びなさい。
    - ㋐ 低くなる。　　　㋑ 変わらない。　　　㋒ 高くなる。
- □(5) AとBの混合物がある。これをAとBに分けるのに適した方法(操作)の名称を書きなさい。

（　）と ☐ にあてはまる語句を答えよう。

1 物の見え方 〔教科書 p.146〜147〕 ▶▶ ❶

☐(1) 太陽や蛍光灯のように，自分で光を出す物体を ①（　　　　　）という。

☐(2) 光はまっすぐに進む。これを光の ②（　　　　　）という。

☐(3) 物体の表面で光がはね返ることを，光の ③（　　　　　）という。

☐(4) 太陽の光は白く見えるが，④（　　　　　）に通すと，色が分かれる。

光源から出た光は直進して四方に広がる。

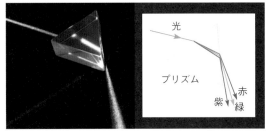

プリズム　光　紫　緑　赤

光が分かれて色が現れるよ。

2 光の反射 〔教科書 p.148〜151〕 ▶▶ ❶ ❷ ❸

☐(1) 光が反射する面に垂直な線と入射した光がつくる角を ①（　　　　　），反射した光がつくる角を ②（　　　　　）という。

☐(2) 光の入射角と反射角は ③（　　　　　）。これを光の ④（　　　　　）という。

鏡にうつる物体は，鏡と物体の距離（きょり）だけはなれて見えるね。

☐(3) 鏡にうつる物体が鏡の中にあるように見えるのは，物体と鏡に対して ⑤（　　　　　）の位置から光が届くように見えるためである。

☐(4) 表面が平らで ⑥（　　　　　）な物体は光をよく反射する。

☐(5) 物体の表面に細かい ⑦（　　　　　）がある場合，光はさまざまな方向に反射する。これを ⑧（　　　　　）という。

☐(6) 物体の表面で起こるひとつひとつの光の反射は，全て光の ⑨（　　　　　）の法則に従う。

☐(7) 図の ⑩〜⑫

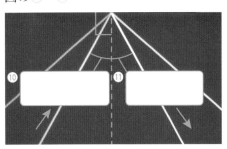

⑩　⑪

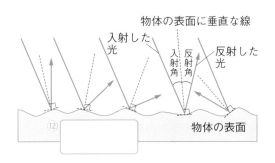

物体の表面に垂直な線
入射した光
反射した光
入射角　反射角
⑫
物体の表面

要点
●光を出す物体を光源といい，光源を出た光は直進する。
●反射するときの入射角と反射角が等しいことを光の反射の法則という。

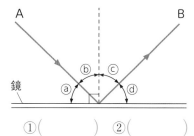

① 鏡に向かって進んできた光Aが，はね返って光Bとなって進んだ。　▶▶ **1** **2**

□(1) 自ら光を出す物体のことを何というか。

（　　　　　　　）

□(2) ①光がまっすぐに進むこと，②光が物体の表面ではね返ることを，それぞれ何というか。

①（　　　　　　　）②（　　　　　　　）

□(3) ①入射角，②反射角は，それぞれ図の③〜④のどれか。

①（　　　　）②（　　　　）

② 図のように鏡に光を当て，A・Bの角度を調べた。表はその結果である。　▶▶ **2**

A〔°〕	0	10	20	30	40	50
B〔°〕	0	10	20		40	50

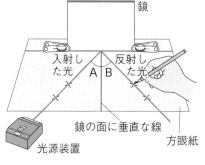

□(1) A・Bの間には，どのような関係があるか。次の⑦〜④から選びなさい。　（　　　　　　）

⑦　A＜B　　　④　A＝B

⑦　A＞B　　　④　A＋B＝90°

□(2) A・Bの大きさの間に(1)の関係がなり立つことを何というか。　（　　　　　　）

□(3) Aが30°のときのBを求めなさい。　（　　　　　　）

③ 図のように，垂直に立てた鏡の前の点Bと点Cに鉛筆を置き，点Aから観察した。 ▶▶ **2**

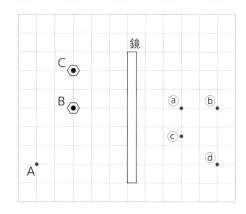

□(1) 点Bに置いた鉛筆を点Aの位置から見たとき，鏡にうつる鉛筆は③〜④のどこにあるように見えるか。　（　　　　）

□(2) 作図 点Cに置いた鉛筆から出る光は，鏡に反射してどのような道筋で点Aに届くか。光の道筋を図にかき入れなさい。

□(3) 鏡とはちがい，表面に細かい凹凸がある物体では，当たった光がいろいろな方向に反射される。このような反射を何というか。（　　　　　　）

単元3 身のまわりの現象 ── 教科書145〜151ページ

ミスに注意 **1** (3) 入射角，反射角は，鏡の面と光の間の角度か，鏡の面に垂直な線と光の角度かをまちがえないようにしよう。

ヒント **3** (1) 鏡にうつる鉛筆は，鏡に対して点Bの鉛筆と対称の位置にあるように見えることから考える。

（　）と□□□にあてはまる語句を答えよう。

1 光の屈折

教科書 p.152 ～ 154　▶▶ ①

□(1)　空気からガラスや水に向かって光が入射するとき，境界面に ¹（　　　　　　　　）な光はそのまま直進する。

□(2)　空気からガラスや水に光がななめに入射するとき，光はその境界面で曲がる。これを光の ²（　　　　　　　　）という。

□(3)　光が空気中から透明な物体へ入射するとき，屈折角は入射角より ³（　　　　　　　　）なる。

□(4)　光が透明な物体から空気中へ入射するとき，屈折角は入射角より ⁴（　　　　　　　　）なる。

□(5)　図の ⑤～⑨

光の
⑤□□□□
のために
ずれて見える。

空気
水

⑥□□□□

（一部反射する。）

⑦□□□□

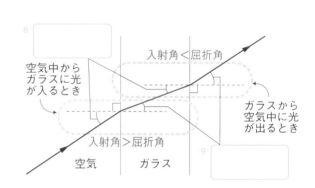

⑧□□□□

入射角＜屈折角

空気中から
ガラスに光
が入るとき

ガラスから
空気中に光
が出るとき

入射角＞屈折角

空気　　ガラス

⑨□□□□

2 全反射

教科書 p.155　▶▶ ②

□(1)　光が，水やガラスなどの物体から空気中に進むとき，その入射角を大きくしていくと，屈折した光が境界面に ¹（　　　　　　　　）いく。

□(2)　透明な物体から空気中への入射角が一定以上大きくなると，境界面を通りぬける光はなくなって，全ての光が反射する。この現象を ²（　　　　　　　　）という。

□(3)　通信ケーブルなどで使われている ³（　　　　　　　　）は，全反射を利用している。

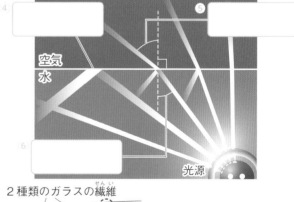

④□□□□

⑤□□□□

空気
水

⑥□□□□

光源

2種類のガラスの繊維

光

⑦□□□□

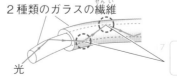

要点
●光が空気中からガラスや水などに進むときは入射角＞反射角，ガラスや水などから空気中に進むときは入射角＜反射角となる。

1 図のように，直方体のガラスの点Oに向かって点Aから光を当てると，光は折れ曲がって点Bに向かって進んだ。 ▶▶ **1**

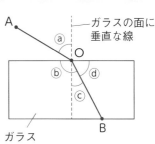

□(1) 点Aから点Bに向かう光のように，光が物質の境界で折れ曲がって進むことを何というか。（　　　　）

□(2) 図の③〜ⓓのうち，屈折角を示しているのはどれか。（　　　　）

□(3) 点Bで，光がガラスから空気中へ出ていくとき，どのように進むか。次の⑦〜Ⓔから選びなさい。（　　　）

光は出ていかない。

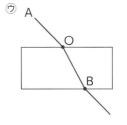

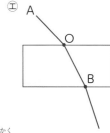

□(4) ①光が点Aから点Bに進むとき，②光が点Bから出ていくとき，入射角と屈折角の大きさの関係を正しく組み合わせたものはどれか。次の⑦〜Ⓔから選びなさい。（　　　　）

⑦　①入射角＞屈折角　②入射角＞屈折角　　④　①入射角＞屈折角　②入射角＜屈折角

⑦　①入射角＜屈折角　②入射角＜屈折角　　Ⓔ　①入射角＜屈折角　②入射角＞屈折角

2 水を入れた容器のかべにあなをあけ，飛び出る水に後ろからレーザー光を当てると，光は飛び出る水の中を進んだ。 ▶▶ **2**

□(1) 図のように，光が水と空気の境界面で全部反射されてしまう現象を何というか。（　　　　）

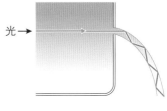

光→

□(2) 水と空気の境界面で光が全部反射されてしまうのは，光がどのような進み方をするときか。次の⑦〜Ⓔから選びなさい。（　　　）

⑦　光が空気中から水中に向かって，入射角が一定以上大きくなって進んだとき。

④　光が空気中から水中に向かって，入射角が一定以上小さくなって進んだとき。

⑦　光が水中から空気中に向かって，入射角が一定以上大きくなって進んだとき。

Ⓔ　光が水中から空気中に向かって，入射角が一定以上小さくなって進んだとき。

□(3) 光が物質の境界面で全て反射することをくり返しながら進むことを利用したものはどれか。次の⑦〜Ⓔから選びなさい。（　　　　）

⑦　ルーペ　　　④　光ファイバー　　⑦　カメラ　　Ⓔ　顕微鏡

──────────────

ミスに注意 **1** (3) ガラスから空気中へ進む光の道筋は，空気からBに光を当てた光の道筋と向きが反対だが同じになる。

ヒント **2** (2) 水から空気中に進むとき，屈折角は入射角より大きくなることから考える。

（　）と□にあてはまる語句を答えよう。

1 凸レンズ

教科書 p.156〜157　▶▶**1**

□(1) 中央がふくらみ，周辺に向かうほどうすくなる，ガラスなどの透明な物質でできたものを¹（　　　　　）という。

□(2) スクリーンにうつったり，凸レンズを通したりして見えるものを²（　　　　　）という。

□(3) 凸レンズの中心を通り，凸レンズの面に垂直な直線を³（　　　　　）という。

□(4) 光軸に平行に進む光は，凸レンズに入るときと出るときに屈折して⁴（　　　　　）に集まる。

□(5) 凸レンズの中心から焦点までの距離を⁵（　　　　　　　）という。

□(6) 焦点は，凸レンズの⁶（　　　　　）に１つずつあり，凸レンズを裏返しても同じことが起こる。

□(7) 太陽の光は，⁷（　　　　）に進むので，凸レンズを通ると，⁸（　　　　）の位置に集まる。

2 凸レンズを通る光

教科書 p.156〜157　▶▶**2**

□(1) 焦点の位置に光源があると，凸レンズを通ることで光軸に¹（　　　　　）な光になる。

□(2) 図の²〜⁵

●凸レンズに入射した光の進み方

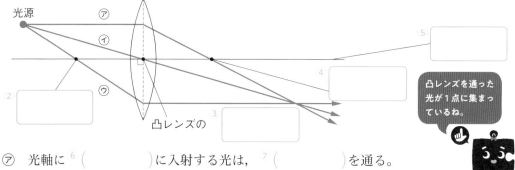

⑦ 光軸に⁶（　　　　　）に入射する光は，⁷（　　　　　）を通る。

⑦ 凸レンズの⁸（　　　　　）を通る光は，そのまま⁹（　　　　　）する。

⑦ 凸レンズの¹⁰（　　　　　）を通る光は，凸レンズを通ると¹¹（　　　　　）に平行に進む。

要点
- ●凸レンズに入った太陽の光は屈折して焦点に集まる。
- ●凸レンズの光軸に平行な光は屈折して焦点を通り，中心を通る光は直進する。

1 図は，太陽の光を凸レンズに通したとき，光が進むようすを表したものである。　▶▶ **1**

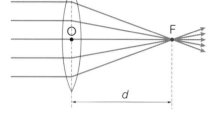

□(1)　図のように，光が物質の境界面で曲がることを何というか。　（　　　　　）

□(2)　図の光が集まる点Fを何というか。　（　　　　　）

□(3)　①凸レンズの中心OとFを通る直線，②OF間の距離dを，それぞれ何というか。
①（　　　　　）　②（　　　　　）

□(4)　Fとdについて正しく述べたものはどれか。次の⑦〜⑦から選びなさい。　（　　　　　）

　⑦　Fは凸レンズの両側に1つずつあり，それぞれdの長さが異なる。

　⑦　Fは凸レンズの両側に1つずつあり，どちらもdの長さが等しい。

　⑦　Fは凸レンズに1つしかない。

2 図は，ろうそくの先端から出た凸レンズの光軸に平行な光A，中心に向かう光B，焦点を通る光Cが凸レンズに入るようすである。　▶▶ **2**

□(1)　凸レンズを通った後に，光A〜Cはどのように進むか。それぞれ，次の⑦〜⑦から選びなさい。

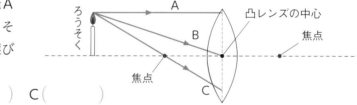

A（　　　）　B（　　　）　C（　　　）

　⑦　凸レンズで曲げられることなく，そのまま直進する。

　⑦　凸レンズで曲げられて，光軸と平行に進む。

　⑦　凸レンズで曲げられて，反対側の焦点を通る。

□(2)　光A〜Cは，凸レンズを通った後どうなるか。次の⑦〜⑦から選びなさい。　（　　　　　）

　⑦　全ての光が1点で交わる。　　⑦　2本ずつの光がそれぞれ3点で交わる。

　⑦　光はどれも交わることがない。

□(3)　凸レンズの光軸に平行に入射した光は，どのように屈折するか。次の⑦〜⑦から選びなさい。
　（　　　　　）

　⑦　光は凸レンズに入ったときと出るときの2回屈折する。

　⑦　光は凸レンズの中心線で1回屈折する。

　⑦　光は凸レンズに入ると，何度も屈折する。

ミスに注意　**2**(1) レンズの中心に入った光は直進することを思い出そう。

ヒント　**2**(2) 焦点の外側に置かれた物体から出た光は，凸レンズで屈折して像を結ぶ。

（　）と□□□にあてはまる語句を答えよう。

1 凸レンズによってできる像

教科書 p.158〜161　▶▶

☐(1) スクリーンにうつすことのできる像のことを [1]（　　　　　）という。

☐(2) 凸レンズを通して見ることができるが，スクリーンなどにうつすことのできない像のことを [2]（　　　　　）という。

☐(3) 図の [3]，[4]

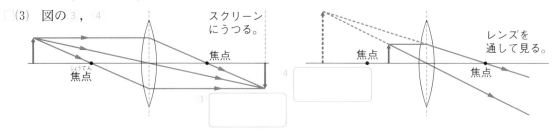

2 凸レンズによる像のでき方

教科書 p.158〜161　▶▶

☐(1) 物体が凸レンズの焦点よりも [1]（　　　　　）にある場合は，実像ができる。実像は，上下左右が [2]（　　　　　）向きで，物体の位置が凸レンズから遠いほど，物体と反対側にある [3]（　　　　　）の近くにできる。

☐(2) 物体が凸レンズの焦点よりも [4]（　　　　　）にある場合は，虚像ができる。

☐(3) 図の [5] 〜 [13]

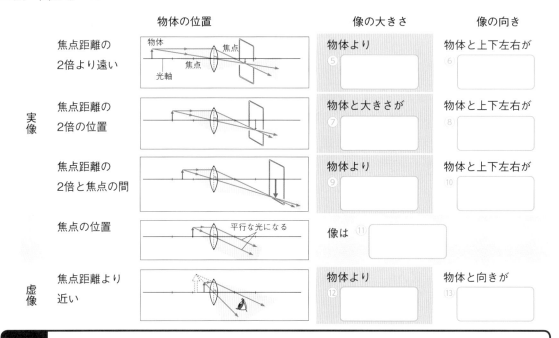

	物体の位置	像の大きさ	像の向き
実像	焦点距離の2倍より遠い	物体より [5]	物体と上下左右が [6]
	焦点距離の2倍の位置	物体と大きさが [7]	物体と上下左右が [8]
	焦点距離の2倍と焦点の間	物体より [9]	物体と上下左右が [10]
	焦点の位置	像は [11]	
虚像	焦点距離より近い	物体より [12]	物体と向きが [13]

要点

● 物体が焦点の外側にあるときは実像，焦点の内側にあるときは虚像が見られる。物体が焦点の上にあるときは像ができない。

▶▶ ① ②

① ルーペは，凸レンズを利用した器具の1つである。図のように，ルーペを目に近づけて固定し，手にとった花を前後させて観察した。

□(1) ルーペの凸レンズを通して見られた花の像は，その位置にスクリーンを置いてもうつすことができない。このような像を何というか。

（　　　　　　　）

□(2) 花を拡大して見るためには，花をどのような位置に置けばよいか。次の⑦〜⑦から選びなさい。　　　　　　　　　　（　　　　　）

　⑦　凸レンズの焦点よりも近い位置。　　　⑦　凸レンズの焦点の位置。

　⑦　凸レンズの焦点よりも遠い位置。

□(3) ルーペを使って拡大された像の向きは，実物と比べてどうなるか。次の⑦〜⑤から選びなさい。

（　　　　　）

　⑦　実物と上下だけが逆向き。　　　⑦　実物と上下左右が逆向き。

　⑦　実物と左右だけが逆向き。　　　⑤　実物と同じ向き。

② 図のように，物体をA，凸レンズをCに置いたところ，Eに置いたスクリーンに物体の像がはっきりうつった。また，A，B，C，D，Eの間隔はどこも10 cmである。

▶▶ ① ②

□(1) 物体の像がスクリーンにうつったのは，スクリーン上で光が集まっているためである。このような像を何というか。

（　　　　　　　）

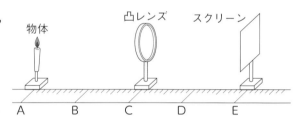

物体　　　凸レンズ　　スクリーン

A　　B　　C　　D　　E

□(2) 計算 この凸レンズの焦点距離は何cmか。

（　　　　　）

□(3) スクリーンにうつった像の大きさを，実際の物体と比べるとどうなるか。次の⑦〜⑤から選びなさい。

（　　　　　）

　⑦　物体より小さい。　　　⑦　物体と変わらない。　　　⑤　物体より大きい。

□(4) スクリーンにうつった像の向きを，実際の物体と比べるとどうなるか。次の⑦〜⑤から選びなさい。

（　　　　　）

　⑦　物体と上下だけが逆向き。　　　⑦　物体と上下左右が逆向き。

　⑦　物体と左右だけが逆向き。　　　⑤　物体と同じ向き。

□(5) 凸レンズはCのままで物体をAからBに5 cm近づけ，スクリーンを動かして像をはっきりうつす位置を調べた。物体をAに置いたときと比べて，①凸レンズとスクリーンの距離，②見える像の大きさはどうなったか。　　　①（　　　　　　　）　②（　　　　　　　）

ヒント　② (2)焦点距離の2倍の位置に置いた物体の像は，凸レンズの中心に対して対称の位置にできる。

ミスに注意　② (5)物体が焦点距離の2倍より内側で焦点の外側にあるときを考える。

❶ 図1のように，水平な机の上に2枚の鏡A・Bを90°に合わせて垂直に立て，鏡の前にろうそくを立てた。図2は，図1のようすを真上から見たもので，Pはろうそくを立てた位置である。

25点

☐(1) [作図] 図2の位置Qから鏡Aを見ると，ろうそくの像が見えた。このとき，①ろうそくから出た光が鏡Aに反射してQに届く道筋を，図2にかきなさい。また，②このときの鏡Aに当たった光の入射角は何度か求めなさい。[技][思]

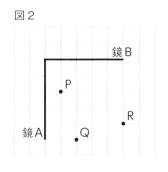

☐(2) 図2の位置Rから見たとき，鏡A・Bにうつって見えるろうそくの像は何個か。[思]

❷ 直方体の厚いガラス板を通してななめから鉛筆を見たところ，図1のように見えた。

15点

☐(1) 図1のように像がずれて見えたことと最も関係の深い光の性質はどれか。次の⑦〜⑨から選びなさい。
　⑦　光の直進　　　⑦　光の屈折
　⑨　光の反射

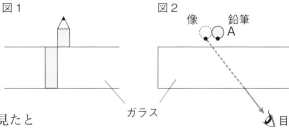

☐(2) [作図] 図2は，図1のようすを真上から見たところである。鉛筆の点Aから出た光が目に届くまでの光の道筋を，図2にかきなさい。[技]

❸ 図のように，ろうそく，凸レンズ，スクリーンを置くと，スクリーン上にろうそくの像がはっきりうつった。

30点

☐(1) [作図] ①図に示した光が凸レンズを通った後，スクリーンに達するまでの道筋をかき加えなさい。また，②凸レンズのスクリーン側の焦点を×印で示しなさい。ただし，作図に用いた線は残しておくこと。[技]

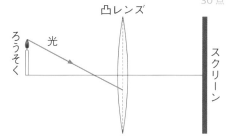

☐(2) 図の凸レンズの上半分に黒い紙をかぶせた。このとき，スクリーンにうつったろうそくの像はどのように変化したか。次の⑦〜⑨から選びなさい。[思]
　⑦　ろうそくの上半分がうつらなくなる。　　　⑦　うつるろうそくが小さくなる。
　⑨　ろうそくの下半分がうつらなくなる。　　　⑤　うつるろうそくが暗くなる。

4 光学台，物体(ろうそく)，凸レンズ，スクリーンを用意した。これらを使って図1のような装置をつくり，物体の位置を変えて，スクリーンの位置やうつる像との関係を調べた。

30点

□(1) 記述 焦点距離の２倍の位置に物体を置いて，スクリーンに像をはっきりうつした。この像の凸レンズの側から見たとき，像の向きと大きさは，物体と比べてどうか，書きなさい。思

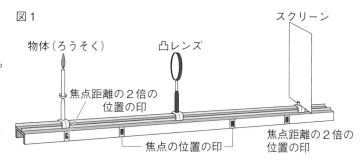

図1
スクリーン
物体(ろうそく)
凸レンズ
焦点距離の２倍の位置の印
焦点の位置の印
焦点距離の２倍の位置の印

□(2) 記述 焦点距離の２倍の位置にあった物体を凸レンズから遠ざけ，スクリーンに像をはっきりうつした。このとき，スクリーンを動かした向きとうつった像の大きさはどうなったか書きなさい。思

□(3) 焦点距離の２倍の位置にあった物体を，焦点の位置に置いた。このときの像はどうなったか。次の㋐〜㋑から選びなさい。

　㋐　スクリーンに，実際の物体よりも大きな像がうつった。

　㋑　スクリーンに，実際の物体よりも小さな像がうつった。

　㋒　凸レンズを通して，実際の物体よりも大きな像が見えた。

　㋓　凸レンズを通して，実際の物体よりも小さな像が見えた。

　㋔　像はできなかった。

□(4) 物体を焦点よりも凸レンズの近くに置いたところ，スクリーンに像がうつらなかったが，凸レンズを通して図2のような像が見えた。このような像を何というか。漢字２字で書きなさい。

図2

❶	(1)	①	図1に記入 10点	②	° 5点
	(2)		個 10点		
❷	(1)		5点	(2)	図2に記入 10点
❸	(1)	①	図に記入 10点	②	図に記入 10点
	(2)		10点		
❹	(1)				10点
	(2)				10点
	(3)	5点		(4)	5点

定期テスト予報　光の反射，屈折などの光の道筋，凸レンズでできる像のでき方がよく問われます。鏡の反射，凸レンズによってできる像の位置や大きさを作図する問題にも慣れておきましょう。

（　）と　　　　にあてはまる語句を答えよう。

1 音の伝わり方

教科書 p.164〜165　▶▶ ❶

- □(1) 音を出す物体は ¹(　　　　　　　)している。
- □(2) 音を出している物体の ²(　　　　　　　)を止めると音は止まる。
- □(3) 音を出すものを ³(　　　　　　　)という。
- □(4) 空気中では，音源が振動することで ⁴(　　　　　　　)を振動させ，その ⁵(　　　　　　　)が空気中を次々と伝わる。

- □(5) 音は音源から ⁶(　　　　　　　)として広がりながら伝わる。
- □(6) 空気の振動が耳の中にある ⁷(　　　　　　　)といううすい膜を振動させ，その振動を感じると音が聞こえる。
- □(7) 音は，空気のような ⁸(　　　　　　　)だけでなく，水などの ⁹(　　　　　　　)，金属などの ¹⁰(　　　　　　　)の中も伝わる。

2 音の大きさと高さ

教科書 p.166〜168　▶▶ ❷

- □(1) 音源の振動の中心からのはばを ¹(　　　　　　　)という。

- □(2) 音源が1秒間に振動する回数のことを ²(　　　　　　　)といい，単位には ³(　　　　　　　)(記号 ⁴(　　　　　　　))が使われる。

- □(3) 図の 5 〜 8

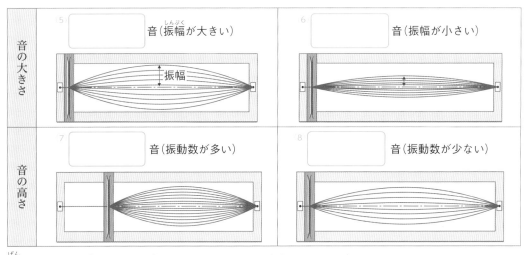

- □(3) 弦の長さが ⁹(　　　　　　　)ほど，弦の張りを ¹⁰(　　　　　　　)するほど，振動数は多くなり，音が ¹¹(　　　　　　　)なる。

> **要点**
> ●音を出している物体を音源といい，音は音源から波として振動が伝わっていく。
> ●振幅が大きいほど大きい音になり，振動数が多いほど高い音になる。

第2章　音の世界(1)

時間 15分　解答 p.21

1 同じ高さの音が出るおんさA・Bを用いて，音の伝わり方を調べた。 ▶▶ 1

□(1) 図1のようにAをたたいて鳴らすと，Bはたたかないのに鳴りだした。

① Aのように音を出す物体を何というか。（　　　）

② AやBは，鳴っているとき，どのような状態か。（　　　）

③ Aのふるえは何としてBに伝わっていくか。（　　　）

④ 図1でふるえを伝えたのは何か。（　　　）

図1

A
B

図2

板
A
B

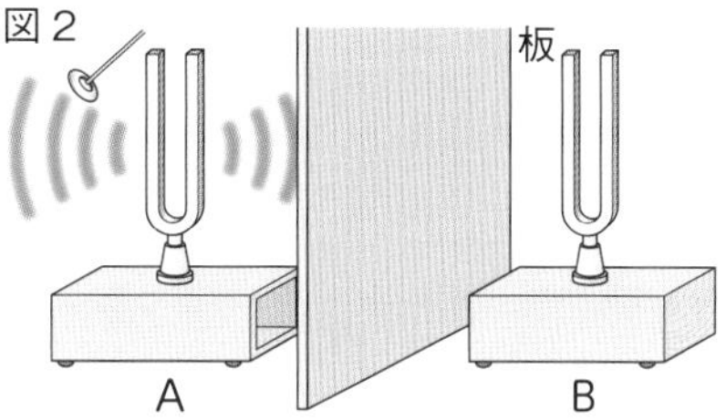

□(2) 図2のように，AとBの間に大きな板を入れてAをたたいた。図1のときと比べて，Bの音はどうなるか。次の㋐～㋒から選びなさい。（　　　）

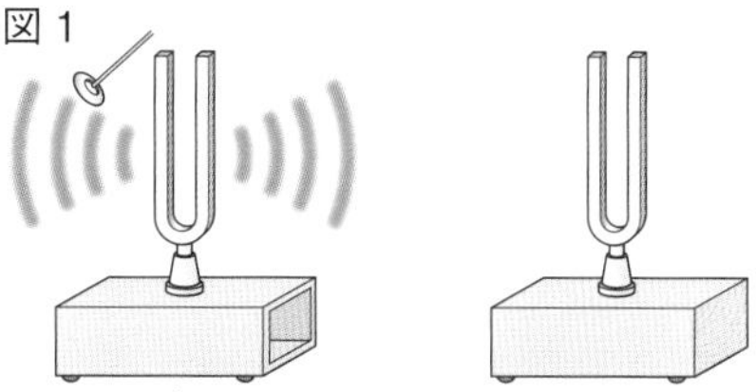

㋐ 小さくなる。　㋑ 変わらない。　㋒ 大きくなる。

□(3) 音が伝わらないものはどれか。次の㋐～㋓から選びなさい。（　　　）

㋐ 固体　㋑ 液体　㋒ 気体　㋓ 真空

2 1～3のようにして，図のような装置をつくり，⬇の部分をはじいた。 ▶▶ 2

実験 1．弦（げん）A～Dは材質が同じで，Dだけは太いものを使った。

2．A～Dの端（はし）をくぎで固定し，AとDの端には100gのおもり1個，BとCの端には100gのおもり2個をつり下げた。

3．A・B・Dの振動（しんどう）する部分の長さはどれも同じで，Cの間には木片（もくへん）を入れて，振動する部分の長さを短くした。

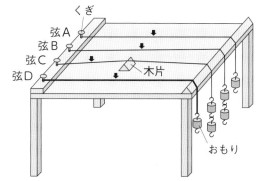

くぎ
弦A
弦B
弦C
弦D
木片
おもり

□(1) ①弦の長さと音の高さ，②弦の太さと音の高さ，③弦を張る強さと音の高さの関係を調べるには，それぞれ，A～Dのどれとどれを比べればよいか。

①（　　　）②（　　　）③（　　　）

□(2) 最も高い音が出た弦は，A～Dのどれか。（　　　）

□(3) この実験では，音の高さが変わる条件を調べた。これに対して，音の大きさは，弦の振動の何によって変わるか。（　　　）

ヒント 2 (3) 大きな音が出るのは弦を強くはじいたときであることから考える。

第2章　音の世界(2)

（　）と□□□にあてはまる語句を答えよう。

1 音の大きさや高さと画面に表れた波の形

教科書 p.166 ～ 168 ▶▶①

□(1)　図の①～⑦

器具名…①□□□□

中心からのはば（②□□□□）

→ 時間

1秒間に振動する回数
（③□□□□）

□(2)　上下2つの音を比べる。

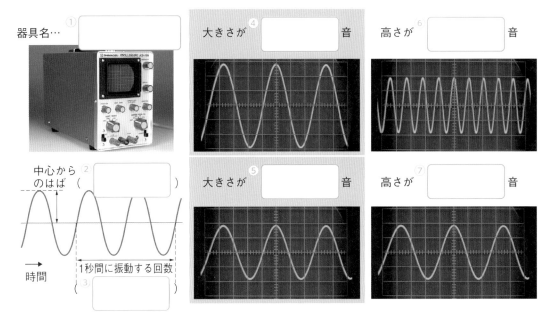

大きさが④□□□□音

大きさが⑤□□□□音

高さが⑥□□□□音

高さが⑦□□□□音

2 音の伝わる速さ

教科書 p.169 ▶▶②

□(1)　いなずまや打ち上げ花火の¹（　　　　）が見えてから²（　　　　）が聞こえるまでに，少し時間がかかる。

□(2)　音の伝わる速さは，空気中では秒速約³（　　　　）mである。

□(3)　光の速さは，秒速約⁴（　　　　）km である。

□(4)　秒速は，音や光が⁵（　　　　）に進む距離を表している。

□(5)　音の伝わる速さは，光の速さに比べて，はるかに⁶（　　　　）。

光と音は，どちらが速く伝わったかな。

| 要点 | ●オシロスコープを使うと，振動のようすを波の形で見ることができる。
●音の速さは秒速約 340 m で，光の秒速約 30 万 km に比べてはるかにおそい。 |

▶▶ 1

① 図1は，おんさAから出た音をマイクロホンでパソコンに入力し，その振動のようすを表した波形である。横軸は時間，縦軸は振動のはばを表している。

□(1) パソコンと同じように，マイクロホンで音を入力すると，波形として見ることができる器具は何か。（　　　　　）

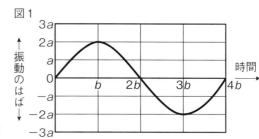

□(2) 図1の音の振幅はどれだけか。次の⑦〜⊆から選びなさい。（　　　　　）
　⑦ a　　⑦ $2a$　　⑨ $3a$　　⊆ $4a$

□(3) この音が1回振動するのにかかる時間はどれだけか。次の⑦〜⊆から選びなさい。
　⑦ b　　⑦ $2b$　　⑨ $3b$　　⊆ $4b$　　（　　　　　）

□(4) 計算 おんさAから出た音の振動数が500 Hzであった。このおんさが1回振動するのにかかる時間は何秒か。（　　　　　）

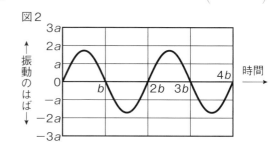

□(5) 図2は，別のおんさBの音の記録である。おんさAと比べて，音が高いか，低いか。
（　　　　　）

▶▶ 2

② 図のように，打ち上げ花火がA・Bの目の高さで破裂した。花火が目で見えてから，音が聞こえるまでの時間は，Aが2.7秒，Bが4.5秒で，AとBの距離は612mであった。

□(1) 花火が破裂するのが見えてから，破裂した音が聞こえるまでに時間がかかるのはなぜか。次の⑦〜⊆から選びなさい。（　　　　　）
　⑦ 音が耳に届いてから，「聞こえた」と感じるまでには長い時間がかかるから。
　⑦ 光が目に届いてから，「見えた」と感じるまでには長い時間がかかるから。
　⑨ 音の伝わる速さが，光の伝わる速さよりもずっとおそいから。
　⊆ 音の伝わる速さが，光の伝わる速さよりもずっと速いから。

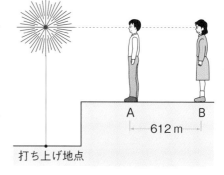

打ち上げ地点

音の速さと光の速さはどちらがどのくらい速かった？

□(2) 計算 花火が破裂したとき，破裂した音が空気中を伝わる速さは秒速何mか。（　　　　　）

□(3) 計算 花火が破裂した位置とAの間の距離は何mか。（　　　　　）

ミスに注意　① (5) 音の高低は，振幅とは関係なく，振動数の多さで決まる。

ヒント　② (2) 音の速さ〔m/秒〕＝音が伝わる距離〔m〕÷音が伝わる時間〔秒〕

時間30分　／100点　合格70点　解答 p.21

① 図のように，容器の中にブザーと音の大きさを数値で示す測定器を入れ，その容器の空気をぬいたり，入れたりして，測定器の数値とブザーの音の聞こえ方を調べた。

30点

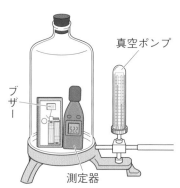

真空ポンプ

ブザー

測定器

☐(1) 容器の中の空気をぬいていくと，測定器の数値はどうなっていくか。次の⑦〜⑨から選び，記号で答えなさい。

　⑦　しだいに大きくなっていく。

　⑦　しだいに小さくなっていく。

　⑨　変化しない。

☐(2) 容器の中の空気をぬいていくと，ブザーの音の聞こえ方はどうなるか。

☐(3) 再び容器に空気を入れていくと，ブザーの音の聞こえ方はどのようになるか。

☐(4) 記述 この実験結果から，音を伝えるものについてどのようなことがいえるか。簡潔に答えなさい。思

よく出る ② ギターは，弦の振動を利用した楽器である。

35点

☐(1) ギターの弦のはじき方を変えると大きな音を出せる。

　① 大きな音を出すには，弦のはじき方をどうすればよいか。

　② 大きな音が出ているとき，弦はどのようなふれ方をしているか。

☐(2) 弦の長さを変えると，音の高さを変えることができる。図のAをはじくときの音の高さについて正しく述べたものはどれか。次の⑦〜⑨から選びなさい。

　⑦　BをおさえてAをはじくと，Cをおさえたときよりも振動数が多くなり，高い音が出る。

　①　BをおさえてAをはじくと，Cをおさえたときよりも振動数が多くなり，低い音が出る。

　⑨　CをおさえてAをはじくと，Bをおさえたときよりも振動数が多くなり，高い音が出る。

　④　CをおさえてAをはじくと，Bをおさえたときよりも振動数が多くなり，低い音が出る。

☐(3) ギターの弦には，同じナイロンでできているものがあった。高い音が出るナイロン弦の太さは，低い音が出るナイロン弦に比べてどうなっていたか。次の⑦〜⑨から選びなさい。

　⑦　細かった。　　　①　変わらなかった。　　　⑨　太かった。

☐(4) ギターを演奏するときは，弦の張り方を変えて音の高さを調節する。高い音が出るようにするためには，弦の張り方をどうすればよいか。

☐(5) 記述 いろいろな楽器を用いて合奏するときは，いろいろな高さや大きさの音が同時に出される。このときの音の聞こえ方から考えて，音の振幅や振動数と音の速さの間にはどのような関係があるといえるか。簡潔に書きなさい。思

成績評価の観点　技…観察・実験の技能　思…科学的な思考・判断・表現

❸ 2つのおんさX・Yを2回ずつたたき，図のA〜Dの波形が得られた。　20点

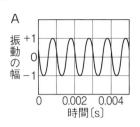
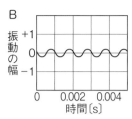
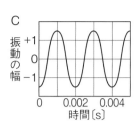
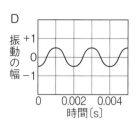

□(1) 最も大きい音は，図のA〜Dのどれか。

□(2) XはYよりも低い音が出た。Xの波形を，図のA〜Dから2つ選びなさい。

□(3) 計算 図のAの音の振動数は何Hzか。技

□(4) 同じおんさで，ちがう波形が得られたのは何を変えたためか。

❹ 次の方法で，音の速さを調べた。　15点

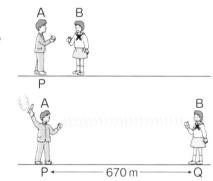

実験 1．点Pで，A・Bが同時にストップウォッチをスタートさせ，Bが670mはなれた点Qへ移動した。

2．Aは競技用ピストルを鳴らすと同時に，Bはピストルの音が聞こえると同時にストップウォッチを止めた。A，Bのストップウォッチはそれぞれ7分15秒，7分17秒を示した。

□(1) 音がP点からQ点に進むのに何秒かかるか。技

□(2) 計算 このとき，音が伝わる速さは秒速何mか。技

❶	(1)	5点	(2)	7点
	(3)	8点		
	(4)	10点		
❷	(1) ①	5点	②	5点
	(2)	5点	(3)	5点
	(4)	5点		
	(5)	10点		
❸	(1)	5点	(2)	5点
	(3)	5点	(4)	5点
❹	(1)	7点	(2)	8点

定期テスト
予報　音の大きさ・高さと音の波の振幅と振動数の関係は，よく問われます。また，音の速さを計算する問題もよく出てきますので，速さの公式をおさえておきましょう。

（　）と □ にあてはまる語句を答えよう。

1 力のはたらき

教科書 p.172〜173　▶▶①

□(1)　図の①〜③

● 力の3つのはたらき

物体の ①[　　　] を変える
はたらき

ラケットでボールを打つ。

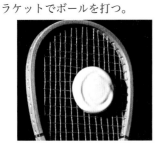

物体の ②[　　　] の状態を
変えるはたらき

サッカーボールをける。

物体を ③[　　　]
はたらき

顕微鏡（けんびきょう）を持つ。

2 さまざまな力

教科書 p.174〜175　▶▶②

□(1)　物体どうしがふれ合ってはたらく力

・①（　　　）…面が物体におされた
とき，その力に逆らって面が物体をおし返
す力。

・弾性（だんせい）の力（②（　　　））…力によって
変形させられた物体がもとにもどろうとする性質を
③（　　　）といい，もとにもどる向きに生じる。

・④（　　　）…物体が面と接しながら運動するとき，面
から物体にはたらく，運動をさまたげる向きの力。

輪ゴムの ⑨[　　　] で
消しゴムが動く。

□(2)　はなれた物体にはたらく力

・⑤（　　　）…地球上にある全ての物体が地球から受ける，
地球の ⑥（　　　）の向きにはたらく力。

・磁石（じしゃく）の力（⑦（　　　））…磁石の極の間ではたらき合う力。
同じ極どうしは反発し合い，異なる極どうしは引き合う。

・⑧（　　　）の力…2種類の物体をこすり合わせたときに
発生する，電気と電気の間ではたらき合う力。

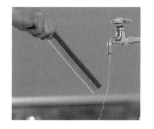

こすった定規に
水が引き寄せら
れるよ。

要点　● 力のはたらきは，物体の形を変える，物体の運動の状態を変える，物体を支
える，の3つに分けられる。

① 力のはたらきは，⑦〜⑦の３つにまとめられる。次の(1)〜(4)でＡからＢに力が加　▶▶ **1**
えられたときのはたらきに最も近いのは，それぞれ下の⑦〜⑦のどれか。

(1) 　(2) バーベル　(3) 風船　(4)

- □(1)　サッカー選手Ａが，サッカーボールＢをけった。　（　　　）
- □(2)　男の子Ａが，バーベルＢを持ち上げた姿勢で止まっていた。　（　　　）
- □(3)　女の子Ａが風船Ｂをおしつぶした。　（　　　）
- □(4)　机Ａの上に置かれた本Ｂが静止している。　（　　　）

　　⑦　物体の形が変わる。　　　⑦　物体の運動のようす(速さや向き)が変わる。
　　⑦　物体が支えられている。

② 物体にはたらく力には，いろいろなものがある。　▶▶ **2**

- □(1)　地球上の全ての物体が受けている，地球がその中心へ向かって引きつける力を何というか。
　（　　　）
- □(2)　変形した物体がもとにもどろうとして，受けた力とは反対向きにはたらかせる力を何という
　か。　（　　　）
- □(3)　図１のように，机の上に置かれた本を指でおしたが，本は
　動かなかった。これは本と机がふれ合っている面と面の間
　で，物体の運動をさまたげるように力がはたらくためであ
　る。このような力を何というか。　（　　　）

図１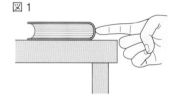

- □(4)　２つのドーナツ形の磁石ＡとＢを棒に通すと，図２のよう
　に，磁石Ａが宙にうかんで静止した。
　① 磁石の同じ極どうしの間にはたらく力は，引き合う
　　力・反発し合う力のどちらか。（　　　）
　② 磁石の異なる極どうしの間にはたらく力は，引き合う
　　力・反発し合う力のどちらか。（　　　）
　③ 図２の磁石Ａの下の面がN極であった。磁石Ｂの上の
　　面は何極か。　（　　　）

図２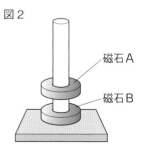
磁石Ａ
磁石Ｂ

ヒント **①** 力のはたらきを考えるときは，何から何にはたらく力かをおさえることが重要である。
ミスに注意 **②** (4)磁石では同じ極どうし，異なる極どうしで力のはたらき方がちがっている。

（　）と□□にあてはまる語句を答えよう。

1 力のはかり方

教科書 p.176　▶▶①

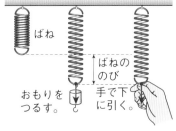

□(1)　ばねばかりは，ばねの弾性（だんせい）を利用して，①（　　　　　　）の大きさをはかる道具である。

□(2)　ばねを引く力が②（　　　　　　）なるほど，ばねののびは大きくなる。ばねののびが同じとき，ばねを引く力の大きさは③（　　　　　　）。

□(3)　力の大きさの単位は④（　　　　　　）で表わされる。記号は⑤（　　　　）が使われる。

□(4)　1Nは，⑥（　　　　　）gの物体にはたらく重力の大きさにほぼ等しい。

ばねののびが同じ→おもりが引く力と手が引く力は，大きさが
⑦□□□□。

2 力の大きさとばねののび

教科書 p.177～179　▶▶①②

□(1)　力の大きさとばねののびの関係を調べる実験
　・下の図のような装置をつくり，つるすおもりの数を変えて，ばねののびを記録する。
　・実験の結果をグラフに表す。縦軸に「ばねの①（　　　　　　）」，横軸に「②（　　　　　）の大きさ」をとり，グラフをかく。
　・測定値には③（　　　　　）があるので，折れ線ではなく，曲線か④（　　　　　　）を引く。
　・グラフは，⑤（　　　　　）を通る直線になる。

□(2)　ばねののびは，ばねを引く力の大きさに⑥（　　　　　　）する。この関係を⑦（　　　　　　）の法則（ほうそく）という。

グラフから，どんな関係かがわかるね。

□(3)　図の⑧～⑩

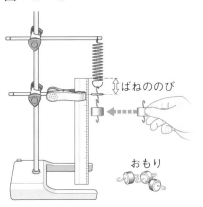

おもり

ばねののび〔cm〕

縦軸（変化⑧□□□□量）

グラフより
⑩□□□□
とわかる

横軸（変化⑨□□□□量）

力の大きさ〔N〕

| 要点 | ●ばねののびはばねに加えた力の大きさと**比例**する。この関係を**フックの法則**という。 |

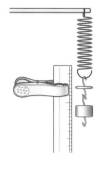

1 図のように，ばねにおもりをつるし，力の大きさとばねののびを調べると，100gのおもりを1個つるしたとき，1.5cmのびた。 ▶▶ 1 2

□(1) 計算 100gのおもりを2個つるしたとき，ばねを引く力の大きさはいくらになるか。ただし，100gの物体にはたらく重力の大きさを1Nとする。　　　　　　　（　　　　　）

□(2) 計算 (1)のようにおもりを2個つるしたとき，ばねののびは何cmになるか。　　　　　　　（　　　　　）

□(3) 計算 おもりをはずして別の物体をつるしたら，ばねののびが5.4cmになった。この物体の重さは何gか。　　（　　　　　）

□(4) ばねを利用して力の大きさをはかるばねばかりは，ばねの何という力を利用しているか。次の⑦～⑤から選び，記号で答えよ。　　　　　　　（　　　　　）

⑦ 摩擦力（まさつりょく）
④ 弾性の力（だんせい ちから）
⑦ 磁石の力（じしゃく）
⑤ 垂直抗力（こうりょく）

100gで1.5cmのびるばねは，何gで5.4cmのびるのかな。

2 表は，あるばねにおもりをつるしたときの，おもりの数とばねののびの関係である。ただし，おもり1個にはたらく重力の大きさを0.2Nとする。 ▶▶ 2

おもりの数〔個〕	0	1	2	3	4	5
ばねののび〔cm〕	0	0.9	2.0	3.1	4.0	5.0

□(1) 計算 おもりが5個のとき，ばねを引く力の大きさは何Nか。　（　　　　　）

□(2) ばねののびなどを測定する場合，ある程度の不正確さがふくまれる。このときの真（しん）の値（あたい）と測定値の差を何というか。　　　　　　　（　　　　　）

□(3) 表をもとに，力の大きさとばねののびとの関係を表すグラフをかくとどうなるか。次の⑦～⑤から選びなさい。　　（　　　　　）

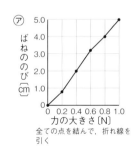
全ての点を結んで，折れ線を引く

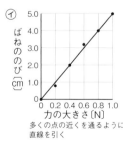
多くの点の近くを通るような直線を引く

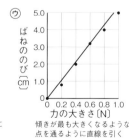
傾きが最も大きくなるような点を通るように直線を引く

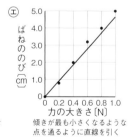
傾きが最も小さくなるような点を通るように直線を引く

□(4) ばねののびと，ばねが受ける力の大きさの間には，①どのような関係があるか。また，その関係を②何の法則というか。　　　①（　　　　　）　②（　　　　　）

ミスに注意 1 (3) おもり100gで1.5cmのびるから，100：1.5＝x：5.4（xは求める物体の質量）という比の式から求める。

ヒント 2 (3)(4) 弾性力をもつ物体では，変形の大きさが，物体に加えられた力に比例する。

第3章　力の世界①

① 次の①〜③は，さまざまな力がはたらいているようすである。 35点

①　磁石A　磁石B

②

③

☐(1)　①のように，磁石Aがうくのは，何という力のためか。

☐(2)　①の磁石Aにはたらく力はどのようなはたらきをしているか。次の⑦〜⑰から選び，記号で答えなさい。

　　⑦　物体の形を変える。　　　　⑦　物体を支える。　　　⑰　物体の運動の状態を変える。

☐(3)　記述 ②のように筆入れを机の上で水平に引くと，摩擦力をはかることができる。摩擦力とはどういうものか。「面」「運動」の2語を用いて説明しなさい。 思

☐(4)　摩擦力による現象を，次の⑦〜①から選び，記号で答えなさい。

　　⑦　ブレーキをかけると自転車が止まる。　　⑦　スポンジに鉄球を乗せるとへこむ。

　　⑰　こすった下じきが水を引き寄せる。　　①　机に置いた筆箱は静止している。

☐(5)　記述 ③で，ボールを支えていた手をはなすと，ボールが地面に向かって落ちた。これはなぜか。簡潔に説明しなさい。 思

② ばねにはたらく力の大きさとばねののびの関係を調べる，次の実験を行った。 30点

よく出る

実験 ばねに50gのおもりを1個ずつ増やしながらつるして，ばねののびを調べた。右の表はおもりの個数とばねののびを表したものである。

おもりの個数(個)	1	2	3	4	5
ばねののび(cm)	1.5	3.0	4.5	6.0	7.5

☐(1)　ばねなど，変形した物体がもとにもどろうとして受けた力と反対の向きにはたらかせる力を何というか。

☐(2)　計算 ばねにおもりを1個つるしたとき，ばねを引く力の大きさは何Nになるか。ただし，100gの物体にはたらく重力を1Nとする。

☐(3)　計算 おもりを7個つるしたとき，ばねののびは何cmになるか。

☐(4)　作図 実験の結果から，ばねを引く力の大きさとばねののびの関係を表すグラフを右の図にかきなさい。 技

☐(5)　ばねを引く力を大きくすると，ばねののびはどうなるか。

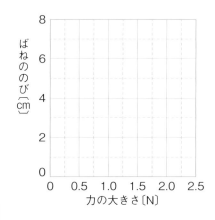
縦軸：ばねののび〔cm〕（0, 2, 4, 6, 8）
横軸：力の大きさ〔N〕（0, 0.5, 1.0, 1.5, 2.0, 2.5）

　　成績評価の観点　技…観察・実験の技能　思…科学的な思考・判断・表現

③ 2種類のばねA，Bにそれぞれおもりをつるし，ばねののびを調べた。図1は，おもりの質量とそれぞれのばねののびの関係をグラフに表したものである。　35点

□(1) [計算] ばねAを3cmのばすのに必要な力は何Nか。ただし，100gの物体にはたらく重力の大きさを1Nとする。

□(2) [計算] ばねBに360gの物体をつるすと，ばねののびは何cmになるか。

□(3) [計算] ばねAにある物体をつるすと，ばねののびが9cmになった。ある物体にはたらく重力は何Nか。

□(4) [計算] ばねAとばねBに同じ質量のおもりをつるしたとき，ばねAののびとばねBののびの比は何対何になるか。次の㋐〜㋓から選び，記号で答えなさい。

　㋐　1：2　　㋑　2：3　　㋒　3：1　　㋓　3：2

□(5) [記述] ばねののびとばねにはたらく力の関係の間には，フックの法則がなり立つ。フックの法則について，簡潔に説明しなさい。[思]

□(6) 図2のように，ばねAとばねBをつなぎ，240gのおもりをつるした。このとき，ばねAののびとばねBののびの合計は何cmになるか。ただし，ばねA，ばねBの質量は考えないものとする。[思]

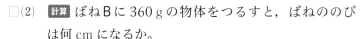

図1

ばねののび[cm]
8
7
6
5
4
3
2
1
0
ばねA
ばねB
0　40　80　120　160　200
おもりの質量[g]

図2
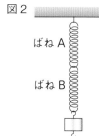
ばねA
ばねB

❶
(1) 5点	(2) 5点
(3) 10点	
(4) 5点	
(5) 10点	

❷
(1) 5点	(2) 5点
(3) 5点	(4) 図に記入 5点
(5) 10点	

❸
(1) 5点	(2) 5点
(3) 5点	(4) 5点
(5) 10点	
(6) 5点	

定期テスト予報 力の3つのはたらきやさまざまな力について，覚えておきましょう。力の大きさとばねののびの関係を表すフックの法則はよく出題されます。

（　）と◻︎にあてはまる語句を答えよう。

1 重力と質量

教科書 p.180 ▶▶ ❶

◻︎(1) 月面上では，重力の大きさは地球上の約 [1]（　　　　　）しかない。

◻︎(2) 場所が変わっても変化しない，物質そのものの量を [2]（　　　　　）という。[2] の単位には [3]（　　　　　）(記号 g)や [4]（　　　　　）(記号 kg)などがある。

◻︎(3) ばねばかりを使えば，物体にはたらく [5]（　　　　　）の大きさをはかることができる。

◻︎(4) 上皿てんびんを用いると，[6]（　　　　　）をはかることができる。

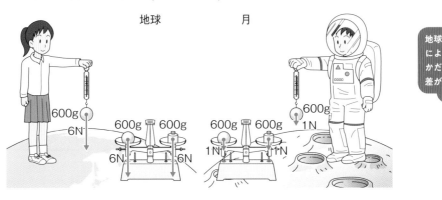

地球上でも場所によって，わずかだけど重力に差があるよ。

2 力の表し方

教科書 p.180〜181 ▶▶ ❷

◻︎(1) 力の3つの要素
　・力のはたらく点([1]（　　　　　）)
　・力の [2]（　　　　　）
　・力の [3]（　　　　　）

◻︎(2) 力の3つの要素は，[4]（　　　　　）と [5]（　　　　　）を使って表せる。
　・作用点…矢印の [6]（　　　　　）
　・力の向き…矢印の [7]（　　　　　）
　・力の大きさ…矢印の [8]（　　　　　）

◻︎(3) 力の矢印の位置(作用点のとり方)
　・物体全体にはたらく力(重力)…物体の [12]（　　　　　）を作用点とする1本の矢印で表す。
　・面にはたらく力(垂直抗力)…その [13]（　　　　　）の1点を作用点として1本の矢印で表す。

垂直抗力

物体

机

重力

要点	●質量は物体そのものの量であり，場所が変わっても変化しない。 ●力の3つの要素は，作用点，力の向き，力の大きさで，力は矢印で表す。

1 図のように，ばねばかりにおもりXをつるした。質量100gの物体にはたらく重力の大きさを1Nとする。　▶▶ 1

- □(1) 計算 目盛りが6Nを示した。Xは何gか。　　　（　　　　　）
- □(2) ばねばかりではかったのは，物体にはたらく何の大きさか。
　　　　　　　　　　　　　　　　　　　　　　　　　　（　　　　　）
- □(3) 計算 月面上で，このばねばかりに同じおもりXをつり下げた。このとき，ばねばかりは何Nを示すか。ただし，月面上の重力は地球上の重力の6分の1とする。　　　　　　　　　　　　　（　　　　　）
- □(4) 月面上で，Xを上皿てんびんの一方の皿にのせた。このとき，Xとつり合った分銅は全部で何gか。　　　　　（　　　　　）

おもりX

- □(5) 上皿てんびんではかったのは，物体そのものの量である。これを何というか。　　　　　　　　　　　　　　　　（　　　　　）
- □(6) ばねばかりと上皿てんびんではかったものについて，正しく述べているものを次のア〜エから選び，記号で答えなさい。　　　　　　　　　　　　　　　　　　　　　　　　（　　　　　）
  - ⑦　ばねばかりではかった数値は，場所が変わっても常に変化しない。
  - ④　上皿てんびんではかった数値は，場所が変わっても常に変化しない。
  - ⑨　ばねばかりではかった数値も，上皿てんびんではかった数値もどこでも一定である。
  - ⑤　ばねばかりではかった数値も，上皿てんびんではかった数値も場所によって変わる。

2 水平面上に置かれた物体を40Nの力でおした。図の矢印は，このときに物体をおす力を表したものである。　▶▶ 2

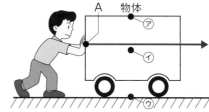

- □(1) 図の力がはたらく点Aを何というか。
　　　　　　　　　　　　　　　（　　　　　）
- □(2) 力がはたらく点は，力の3つの要素の1つである。ほかの2つの要素を書きなさい。
　　　（　　　　　）（　　　　　）
- □(3) 計算 10Nの力の大きさを1cmの長さで表すものとすると，図の矢印の長さを何cmにすればよいか。　　　　　　　　　　　　　　　　　（　　　　　）
- □(4) この物体にはたらく重力を矢印で表す場合，矢印の始点は⑦〜⑨のどの点になるか。記号で答えなさい。　　　　　　　　　　　　　　　　　　　（　　　　　）
- □(5) 重力とは逆向きに，面が物体をおす力を何というか。　　　　（　　　　　）

単元3　身のまわりの現象 ― 教科書180〜181ページ

ヒント ❶ (3)重力が6分の1になることから，ばねばかりの数値を計算する。

ミスに注意 ❷ (4)力の矢印で，力がはたらく点を始点とする。重力は物体の中心にはたらくものと考える。

( )と□□□にあてはまる語句を答えよう。

1 1つの物体にはたらく2つの力

教科書 p.182〜184 ▶▶ ❶

☐(1) 図1のように，厚紙に糸をつけて矢印の向きに引く
と，厚紙は動いてから図2のように静止した。ただ
し，ばねAとばねBは同じ種類のばねである。

図1

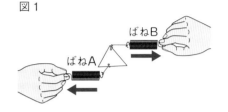

・ばねA，ばねBの長さをはかると，
①( )なっている。

・ばねAとばねBが厚紙を引く力の向きは，
②( )向きになっている。

・ばねAとばねBは，同じ③( )の上
にある。

図2

☐(2) 1つの物体に，2つ以上の力がはたらいて，そ
の物体が静止しているとき，物体にはたらく力
は④( )という。

力がはたらいて
も物体が動かな
いとき，力はつ
り合っているね。

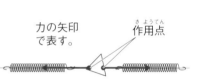
力の矢印
で表す。
作用点

☐(3) 2力のつり合う条件は，次の3つである。
・2力の大きさは⑤( )。
・2力の向きは⑥( )である。
・2力は⑦( )上にある。

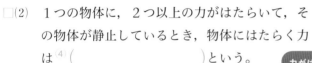
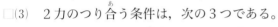

2 静止している物体にはたらく力

教科書 p.184〜185 ▶▶ ❷

☐(1) 台ばかりにのせた物体には，下向きに
①( )がはたらいている。

☐(2) 台ばかりにのせた物体が下に落ちないのは，台ばかりか
ら上向きに②( )がはたらき，物体を支え
ているからである。

☐(3) 静止している物体にも力ははたらくが，それが
③( )ため，静止を続ける。

☐(4) 物体にはたらく2力がつり合いの条件を④( )つ
とも満たさないときは，物体は静止していることができ
ない。

2力は一直線上
にあるが，矢印
をずらしてかく
こともあるよ。

要点

●2力がつり合う条件は，一直線上にあること，大きさが等しいこと，向きが
逆向きであること。条件を3つとも満たさないと，2力はつり合わない。

▶▶ **1**

① 図の⑦～①は，物体にはたらく2力を矢印で表したものである。⑦～①のうち，1つだけ2力がつり合っている。

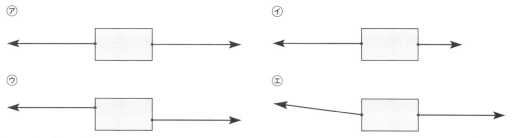

□(1)　2力がつり合っているものはどれか。　　　　　　　　　　　　　　　（　　　　　　）

□(2)　(1)で選んだものは，力がはたらいているとき，動くか，動かないか。
　　　　　　　　　　　　　　　　　　　　　　　　　　　　　　　　（　　　　　　）

□(3)　下の文は，2力がつり合う条件のうちの1つである。□□にあてはまる語を書きなさい。
　　　「2力は□□直線上にある。」　　　　　　　　　　　　　　　（　　　　　　）

□(4)　⑦～①の2力のうち，(3)の条件だけがあてはまらないためにつり合っていないのはどれか。
　　　　　　　　　　　　　　　　　　　　　　　　　　　　　　　　（　　　　　　）

□(5)　2力がつり合う条件は，(3)のほかに2つある。それはどのようなことか。2つとも答えなさい。
　　　　　　　　　（　　　　　　　　　　　　　　　　　　　　　　）
　　　　　　　　　（　　　　　　　　　　　　　　　　　　　　　　）

② 図のように，机の上に物体を置いた。矢印は物体にはたらく力を矢印で表したものである。

▶▶ **2**

□(1)　図の力A，Bはどのような力か。次の⑦～①からそれぞれ選び，記号で答えなさい。

　　　　　　　　　A（　　　）　　B（　　　）

　⑦　物体から机にはたらく下向きの力。
　⑦　机から物体にはたらく上向きの力。
　⑦　地球から物体にはたらく下向きの力。
　①　物体から地球にはたらく上向きの力。

物体

B — A

机

実際の2つの力
の矢印は一直線
上になる。

□(2)　力A，Bのうち，垂直抗力とよばれる力はどちらか。記号で答えなさい。　　　（　　　）

□(3)　物体が静止していることから，力A，Bについてどのようなことがわかるか。次の語に続けて書きなさい。

　　　力Aと力Bは（　　　　　　　　　　　　　　　　　）

つり合う2力は
同じ物体にはた
らく力だよ。

ヒント　① (4) 力がはたらく2つの作用点（さようてん）を結んだとき，水平にならないものはどれか考える。

ミスに注意　② (1) 地球から物体にはたらく下向きの力は重力（じゅうりょく）のこと。重力の矢印の始点はどこか思い出そう。

❶ 上皿てんびんに物体Aをのせたら，150gの分銅とつり合った。100gの物体にはたらく重力の大きさを1Nとし，月面上の重力を地球の6分の1とする。　28点

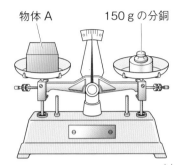

物体A　　150gの分銅

☐(1) 上皿てんびんで測定した物質そのものの量を何というか。

☐(2) 計算 物体Aにはたらく重力の大きさをばねばかりではかると，地球上では何Nか。

☐(3) 物体Aを月面上で上皿てんびんにのせると，何gの分銅とつり合うか。

☐(4) 計算 物体Aにはたらく重力を月面上でばねばかりではかると，何Nになるか。

☐(5) 記述 宇宙飛行士は重い宇宙服を着ていても，月面上では身軽に動ける。それはなぜか。簡潔に説明しなさい。

❷ 次の(1)～(3)の力を表す矢印を，それぞれ図中にかきこみなさい。ただし，10Nの力を長さ0.5cmの矢印で表すものとする。　21点

☐(1) 作図 台車をおす50Nの力。技

☐(2) 作図 地面の上で静止しているボールにはたらく10Nの重力。技

☐(3) 作図 手で荷物を持つ30Nの力。技

(1) 　(2) 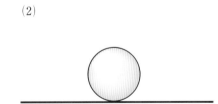　(3)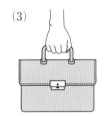

❸ 図1は水平な面上で静止している木片，図2は天井からつるしたばねにおもりをつるし，ばねが静止している状態を示したものである。図中の矢印は，いろいろな力を表している。　21点

☐(1) 作図 図1の木片にはたらく重力を表す矢印をかきなさい。技

☐(2) 図2の力Eとつり合っている力は，A～Dのどれか。記号で書きなさい。

☐(3) 図2のばねは，1Nの力で0.5cmのびる。このばねに，図1の木片をつるしたとき，ばねは何cmのびるか。ただし，図1の1目盛りは1Nを表すものとする。思

図1
垂直抗力
木片
面

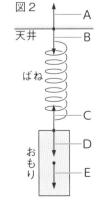

図2
A
天井　B
ばね
C
おもり　D
E

❹ 厚紙にあなをあけ，糸を結び，ばねばかりをつないで，矢印の方向に引いて静止させた。

30 点

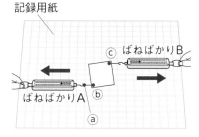

記録用紙

ばねばかりB ©

ばねばかりA ⓐ ⓑ

- □(1) ばねばかりＡが厚紙を引く力で，作用点になるのはⓐ〜©のどの点か。記号で答えなさい。
- □(2) ばねばかりＡが1.5Ｎを示しているとき，ばねばかりＢは何Ｎを示しているか。
- □(3) 厚紙を静止させたとき，どのようになるか。次の㋐〜㋒から選び，記号で答えなさい。

㋐ 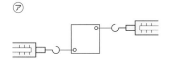　　㋑ 　　㋒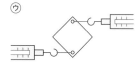

- □(4) 記述 厚紙が静止するとき，２つの力はつり合っている。２つの力がつり合うための３つの条件をすべて答えなさい。
- □(5) 力のつり合いについて正しく述べたものを，次の㋐〜㋒から選び，記号で答えよ。

　　㋐　力のつり合いの条件をすべて満たしたとき，２力がつり合う。

　　㋑　力のつり合いの条件を１つでも満たしたとき，２力がつり合う。

　　㋒　力のつり合いの条件を２つ以上満たしたとき，２力がつり合う。

単元3

身のまわりの現象 ─ 教科書180〜185ページ

❶	(1)	5点	(2)	5点
	(3)	5点	(4)	5点
	(5)			8点

❷	(1)	図に記入	7点	(2)	図に記入	7点	(3)	図に記入	7点

❸	(1)	図に記入	7点	(2)		7点
	(3)		7点			

❹	(1)	5点	(2)	5点
	(3)	5点		
	(4)			10点
	(5)	5点		

定期テスト 予報　重力と質量のはかり方とそのちがい，力のつり合いの３つの条件はよく問われます。力の矢印の作図問題にも慣れておきましょう。

（　）と□□□にあてはまる語句を答えよう。

1 火山とマグマ

教科書 p.200 ～ 201　▶▶ 1

□(1) ①（　　　　　　）とは，火山活動によって地上に
出た物質などでできた山である。

□(2) 地球内部の熱などにより，岩石がとけてできた
ものを②（　　　　　　）という。

□(3) 地下のマグマが上昇し，発泡して地表付近の岩
石をふき飛ばして③（　　　　　）が起こる。

□(4) 地下のマグマが地上に流れ出た物を
④（　　　　　）という。

マグマの中の気体
になりやすい水な
どの成分が発泡し
てふき出すよ。

2 マグマのねばりけと火山の形

教科書 p.201　▶▶ 1 2

□(1) 図の①〜④

●マグマのねばりけと火山の形，溶岩の色

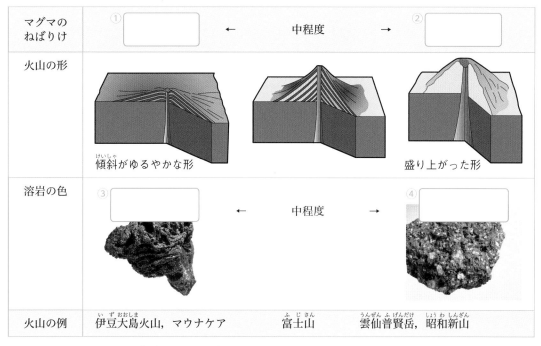

マグマの ねばりけ	①（　　　）	← 中程度 →	②（　　　）
火山の形	傾斜がゆるやかな形		盛り上がった形
溶岩の色	③（　　　）	← 中程度 →	④（　　　）
火山の例	伊豆大島火山，マウナケア	富士山	雲仙普賢岳，昭和新山

□(2) マグマのねばりけが⑤（　　　　　）火山は傾斜がゆるやかな形になり，ねばりけが
⑥（　　　　　）火山は盛り上がった形になる。

要点
●マグマのねばりけが強いと溶岩が白っぽくなり，盛り上がった形の火山にな
る。ねばりけが弱いと溶岩が黒っぽくなり，傾斜がゆるやかな火山になる。

1 図のA～Cは，代表的な火山の形を模式的に表したものである。　▶▶ 1 2

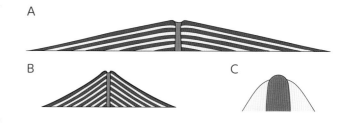

□(1) 火山をつくっている，地下の岩石がとけた物質を何というか。
（　　　　　　）

□(2) 噴火(ふんか)が起こるとき，(1)にふくまれる水などが発泡(はっぽう)して（　）になる。（　）にあてはまる状態を答えなさい。
（　　　　　　）

□(3) 地下の(1)が地表に出た物を何というか。（　　　　　　）

□(4) ねばりけが最も強い(1)からできている火山は，A～Cのうちのどれか。（　　　　）

□(5) 次の文はマグマのねばりけと溶岩(ようがん)について述べたものである。①～③の（　）のうち，あてはまる語句にそれぞれ○をつけなさい。

溶岩の色はマグマのねばりけによってちがう。ねばりけが強いマグマが固まった溶岩は
①（　白っぽく　　黒っぽく　）なり，ねばりけが弱いマグマが固まった溶岩は
②（　白っぽく　　黒っぽく　）なる。黒っぽい溶岩は図の③（　A　B　C　）の火山で見られる。

□(6) Bのような形の火山を次の⑦～⑨から選びなさい。　（　　　　　）
⑦　伊豆大島火山(いずおおしま)　　⑦　雲仙普賢岳(うんぜんふげんだけ)　　⑦　富士山(ふじさん)

2 火山の形について調べるモデル実験として，少量の水を加えた石こう(A)と大量の水を加えた石こう(B)を，図のように，それぞれ下からおし出した。　▶▶ 2

□(1) 石こうは，何のモデルとして使用したか。
（　　　　　　）

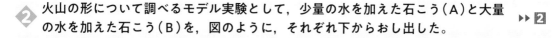
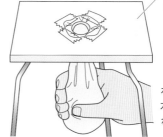
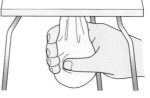

発泡ポリスチレンの板にあなをあける。

□(2) Aの石こうをおし出すと，⑦，⑦のどちらのようになるか。　（　　　　　）

□(3) この実験から，どのようなことがわかるか。次の文の（　）にあてはまる語句を書きなさい。　①（　　　　　　）
②（　　　　　　）

マグマのねばりけが強いと，火山は（　①　）形になり，ねばりけが弱いと，火山は（　②　）形になる。

ポリエチレンぶくろに水を加えた石こうを入れて，おし出す。

単元4

大地の変化 ── 教科書199～201ページ

ヒント　**1** (6) マグマのねばりけが中くらいの火山は，円すいのような形の火山になる。

ミスに注意　**2** (2) Aの石こうはねばりけが強いことから考える。

（　）と□□□にあてはまる語句を答えよう。

1 噴火のようすと溶岩，火山噴火によりうみ出される物　教科書 p.202　▶▶❶

□(1)　マグマのねばりけが弱い火山は，マグマが
　¹（　　　　　　　　）ようにふき出し，火口か
　ら遠い場所まで溶岩が流れることがある。

□(2)　マグマのねばりけが強い火山は，溶岩が流れ
　にくく，²（　　　　　　　　）ができることも
　ある。噴火の際は ² がくずれ，爆発的な噴火
　となる。

□(3)　火山がふき出した物を³（　　　　　　　）
　といい，図のような
　ものがある。

火山噴出物は，形
はちがうけれど，
すべてマグマが変
化したものだよ。

□(4)　図の④〜⑧

●火山噴出物とマグマ
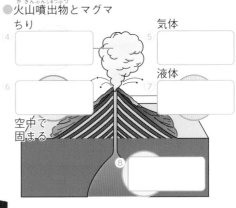
ちり
④
気体
⑤
液体
⑥
⑦
空中で固まる
⑧

2 火山灰にふくまれる物，火山灰からわかること　教科書 p.203〜205　▶▶❷

□(1)　マグマが冷え固まって結晶になったものを¹（　　　　　　　）という。

□(2)　マグマのねばりけが強い火山の火山灰は²（　　　　　　）っぽく，ねばりけが弱い火山の火山
　灰は³（　　　　　　）っぽい。

□(3)　図の④，⑤

●火山灰にふくまれる主な鉱物

鉱物名	④			⑤			
	石英	長石	黒雲母	角セン石	輝石	カンラン石	磁鉄鉱
写真							

□(4)　火山灰は上空までふき上げられ，上空の⁶（　　　　　　　）によって，
　⁷（　　　　　　　）まで運ばれる。⁸（　　　　　　）範囲にわたって，
　地上や海，湖などに積もり，⁹（　　　　　　　）のたびに新しい地
　層をつくる。

火山灰の層は地層
の年代を知るのに
役立つので，かぎ
層というよ。

要点
●マグマが冷えてできた結晶を鉱物という。
●鉱物には，長石などの無色鉱物と，黒雲母や輝石などの有色鉱物がある。

① **写真は，噴火のときに火山からふき出した物である。** ▶▶ **1**

A　　　　　　　　　　　B

□(1) Aは，マグマが地表に流れ出て冷え固まった
　　ものである。これを何というか。(　　　　　)

□(2) Bは，マグマがふき飛ばされて固まったもの
　　である。これを何というか。(　　　　　)

□(3) マグマのねばりけが強い火山の噴火はどのよ
　　うになるか。次の⑦〜⑨から1つ選びなさい。(　　　　)
　　⑦　激しく爆発的な噴火をする。　　⑦　溶岩がおだやかに流れ出すような噴火をする。
　　⑨　激しい噴火と溶岩がおだやかに流れ出す噴火の両方をする。

② **図の火山灰⑧，⑥は，別の火山の火山灰をそれぞれ双眼実体顕微鏡で観察してス
ケッチしたものである。(4)の表は火山灰の中の粒のいくつかを観察した結果である。** ▶▶ **2**

□(1) 次の文は，双眼実体顕微鏡で観察する前
　　に行う操作である。(　　)にあてはまる語
　　句を書きなさい。(　　　　　)

火山灰⑧　　　　　火山灰⑥

　　① 蒸発皿に，火山灰を入れる。
　　② 水を入れて，火山灰を指の先でおす
　　　ようにして洗い，にごった水を捨て
　　　る。
　　③ 水が(　　)なるまで②の操作をくり返し，残った粒を乾燥させる。

□(2) 火山灰に見られる結晶を何というか。(　　　　　)

□(3) マグマのねばりけが弱い火山の火山灰は，⑧，⑥のどちらか。(　　　　　)

□(4) 次の表の5種類の結晶は，①A・Bのグループと，②C・D・Eのグループに分けること
　　ができる。それぞれのグループを何というか。①(　　　　　) ②(　　　　　)

	A	B	C	D	E
スケッチ					
特徴	無色。不規則に割れる。	白色。決まった方向に割れる。	黒色。うすくはがれる。	暗褐色。長い柱状。	暗緑色。短い柱状。

□(5) 表のA・B・Cをそれぞれ何というか。
　　A(　　　　　) B(　　　　　) C(　　　　　)

ヒント　**2**(3) ねばりけが弱いマグマは，冷えると有色の結晶になる成分を多くふくむ。

ミスに注意　**2**(5) 白や無色の結晶は，割れ方に注意して区別をするように考える。

（　）と□□□にあてはまる語句を答えよう。

❶ マグマの冷え方と岩石

教科書 p.206　▶▶◆

●①のでき方

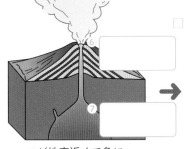

①が地表近くで急に
冷やされ，⑥になる。

①が地下深くでゆっくり
冷やされ，⑧になる。

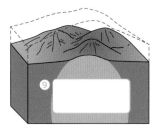

地表面がけずられ，
⑨が地表に現れる。

□(1)　マグマが冷え固まってできた岩石を①（　　　　　）という。
□(2)　マグマが地表や地表付近で②（　　　　　）時間で冷えて固まった①を③（　　　　　）という。
□(3)　マグマが④（　　　　　）時間をかけて地下の深いところで冷えて固まった①を⑤（　　　　　）という。
□(4)　図の⑥〜⑨

❷ 火山岩と深成岩のつくり

教科書 p.207〜208　▶▶❷

□(1)　①（　　　　　）である安山岩は，形がわからないほど小さな鉱物の集まりやガラス質の部分でできた②（　　　　　）の間に，比較的大きな黒色や白色の鉱物が③（　　　　　）になって散らばって見える。このようなつくりを④（　　　　　）組織という。
□(2)　⑤（　　　　　）である花こう岩などは，黒色，白色，無色などの同じくらいの大きさの鉱物が集まってできている。このようなつくりを⑥（　　　　　）組織という。
□(3)　図の⑦，⑧

深成岩はゆっくり冷えたので，火山岩よりも鉱物の粒（つぶ）が大きいよ。

●安山岩

●花こう岩

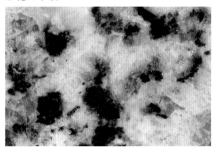

要点
●マグマが冷え固まってできた岩石を火成岩といい，火山岩と深成岩がある。
●火山岩のつくりを斑状組織，深成岩のつくりを等粒状組織という。

① 図は，火山とその周辺の地下のようすを表したものである。　▶▶ **1**

□(1) マグマが冷え固まってできた岩石を何というか。　（　　　　　　）

□(2) 図のA，Bは，どちらもマグマが冷え固まってできた岩石だが，見た目が大きくちがう。これは何が変わるためか。次の⑦〜⊆から選びなさい。　（　　　　　　）

⑦　深さが変わると，マグマに加わる力の大きさ(圧力)が変わるから。

④　深さが変わると，マグマが冷えて固まる時間が変わるから。

⑨　深さが変わると，マグマができた年代が変わるから。

⊆　深さが変わると，マグマのねばりけが変わるから。

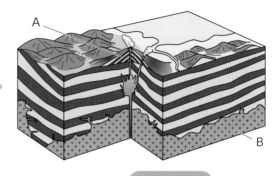

地下深くでできる岩石と地表近くでできる岩石のちがいを考えよう

□(3) 図のA，Bで，マグマ冷え固まってできた岩石を，それぞれ何というか。　A（　　　　　　）　B（　　　　　　）

② 安山岩と花こう岩を観察した。図のA，Bはそのときのスケッチである。　▶▶ **2**

□(1) Aで，ⓐの部分は形がわからないほど小さな鉱物の集まりやガラス質の部分である。ⓐを何というか。
（　　　　　　）

□(2) Aで，ⓑの部分は比較的大きな鉱物である。ⓑを何というか。
（　　　　　　）

□(3) Aのような岩石のつくりを何というか。（　　　　　）

□(4) Bは同じくらいの大きさの鉱物が集まってできている。このような岩石のつくりを何というか。（　　　　　）

□(5) A，Bはマグマがどのように冷えてできたか。次の⑦〜⊆からそれぞれ選びなさい。　A（　　　　）　B（　　　　）

⑦　地表や地表付近で，マグマが急に冷えてできた。

④　地下深くで，マグマが急に冷えてできた。

⑨　地表や地表付近で，マグマが長い年月をかけてゆっくり冷えてできた。

⊆　地下深くで，マグマが長い年月をかけてゆっくり冷えてできた。

□(6) 安山岩は，A，Bのどちらか。　（　　　　　　）

ヒント　② (4) 「等しい大きさの粒(つぶ)が集まっているつくり」ということ。

ミスに注意　② (6) 安山岩は火山岩であることから，どのようなつくりかを考えてみよう。

単元4　大地の変化 ─ 教科書206〜208ページ

（　）と□□□にあてはまる語句を答えよう。

1 いろいろな火成岩

教科書 p.209 ▶▶①

(1)　図の①〜⑩

マグマのねばりけ

火山岩

有色鉱物　無色鉱物

深成岩

2 火山とともにくらす

教科書 p.210〜211 ▶▶②

(1)　日本には，活発に活動していたり，1万年以内に噴火した記録があったりする
①（　　　　　　　　）が100以上ある。

(2)　図は，火山の熱を利用した
②（　　　　　　　　）発電所である。火山のめぐみには，温泉や美しい風景などもある一方，噴火による災害も起こっている。

(3)　防災のために，過去の災害の記録をもとに，今後の噴火の予測を地図にまとめた③（　　　　　　　　　　　）がつくられている。

火山にはめぐみと災害の両方があることを知っておこう。

要点	●**火山岩**には玄武岩，安山岩，流紋岩，**深成岩**にははんれい岩，せん緑岩，花こう岩がある。

1 図は，マグマのねばりけと火成岩（かせいがん）の種類についてまとめたものである。　▶▶ **1**

(1) ねばりけが強いマグマが冷えて固まった火成岩にふくまれる鉱物（こうぶつ）について，どのようなことがいえるか。次の㋐～㋔から選びなさい。　（　　　）

　㋐　無色鉱物だけで，有色鉱物はふくまれていない。

　㋑　有色鉱物が多くふくまれていて，無色鉱物は少ない。

　㋒　無色鉱物が多くふくまれていて，有色鉱物は少ない。

　㋓　有色鉱物も無色鉱物も同じくらいの割合でふくまれている。

ねばりけ [強い ←→ 弱い]

マグマ

火山岩 → Ⓐ Ⓑ Ⓒ

深成岩 → Ⓓ Ⓔ Ⓕ

ねばりけが強いマグマの火山灰は白っぽかったことから考えてみよう。

(2) ①最も白っぽい火山岩（かざんがん），②最も黒っぽい深成岩（しんせいがん）は，それぞれ図のＡ～Ｆのどれか。

　①（　　　　）　②（　　　　）

(3) 図の火成岩Ａ～Ｆの名称をそれぞれ書きなさい。

Ａ（　　　　　　）　Ｂ（　　　　　　）　Ｃ（　　　　　　）
Ｄ（　　　　　　）　Ｅ（　　　　　　）　Ｆ（　　　　　　）

2 図は，火山の噴火（ふんか）の災害を予測してつくられた地図である。　▶▶ **2**

(1) 図のように，過去の災害をもとに，今後の災害の予測をまとめた地図を何というか。

　（　　　　　　　　　　）

(2) 次の㋐～㋔のうち，地上の火山の噴火による災害では見られないものを選びなさい。

　（　　　　　　）

　㋐　津波（つなみ）　　　　　㋑　火砕流（かさいりゅう）
　㋒　火山灰（かざんばい）がふること　㋓　溶岩流（ようがんりゅう）

(3) 火山のめぐみとして考えられるものを，1つ答えなさい。

　（　　　　　　　　　　　　　　　　　）

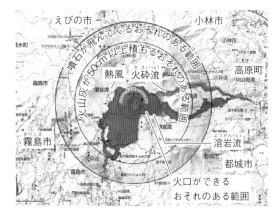

単元4

大地の変化　—　教科書209～212ページ

ミスに注意 **1** (1) 白っぽい火成岩は白っぽい鉱物だけからできているわけでないことに注意。

ヒント **2** (2) 津波とは海底が動き，海水が大きく持ち上げられて起こる現象。

第1章　火をふく大地

❶ 図は，火山の噴火のようすである。

29点

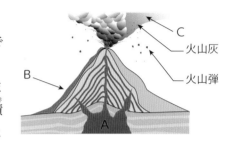

C —— 火山灰

火山弾

B

A

- □(1)　地下深くで岩石がとけたものＡを何というか。
- □(2)　Ｃは，Ａにとけていた気体が大量に発泡したものである。これを何というか。
- □(3)　火山灰は，火山弾よりもずっと細かいので，上空までふき上げられ，遠くまで運ばれて広い範囲に堆積して地層をつくり，年代を知る手がかりになることがある。このような地層を何というか。
- □(4)　Ａが火口から流れ出て冷え固まったものＢを何というか。
- □(5)　記述 Ｂを観察したところ，表面に無数の小さなあながあった。このあなはどのようにしてできたものか。簡潔に書きなさい。思

❷ ある火山の火口に，図のＡのような地形が見られた。

25点

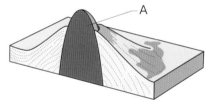

A

- □(1)　図のＡのような溶岩のかたまりを何というか。
- □(2)　このような火山の噴火について，どのようなことがいえるか。次の⑦〜㊤から選びなさい。思
  - ⑦　円すい状の火山や傾斜のゆるやかな火山よりもおだやかである。
  - ⑦　円すい状の火山よりは爆発的だが，傾斜のゆるやかな火山よりはおだやかである。
  - ⑦　傾斜のゆるやかな火山よりは爆発的だが，円すい状の火山よりはおだやかである。
  - ㊤　円すい状の火山や傾斜のゆるやかな火山よりも爆発的である。
- □(3)　この火山からふき出された火山灰を採取して観察した。
  - ①　火山灰を観察するのに，適切でないものはどれか。次の⑦〜⑦から選びなさい。技
    - ⑦　ルーペ　　⑦　双眼実体顕微鏡　　⑦　顕微鏡
  - 点UP ②　記述 正しい器具で観察する前に，火山灰をどう処理すればよいか。簡潔に書きなさい。技

❸ 図は，ある火山の地下のようすを表したものである。

13点

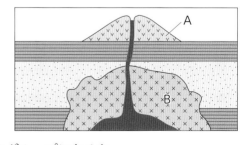

A

B

- □(1)　図の火成岩Ａ・Ｂを比べると，どのようなちがいがあるか。次の⑦〜㊤から選びなさい。思
  - ⑦　Ａの鉱物は，Ｂよりも白っぽい。
  - ⑦　Ａの鉱物は，Ｂよりも黒っぽい。
  - ⑦　Ａの鉱物は，Ｂよりも粒が小さい。
  - ㊤　Ａの鉱物は，Ｂよりも粒が大きい。
- □(2)　図の火成岩Ａ・Ｂは，それぞれ何という火成岩のグループになるか。

④ 2種類の火成岩A・Bの一面をそれぞれみがき，ルーペで観察した。図は，その
ときのスケッチである。

33点

□(1) Aは，比較的大きな鉱物と，そのまわりを
囲む細かい粒などでできたXからできてい
た。Xを何というか。

□(2) Bは，大きな鉱物がすきまなく組み合わ
さっていた。このような火成岩のつくりを
何というか。

A   B

X

□(3) 記述 Bが大きな鉱物の組み合わせであるの
は，Bがどのようなでき方をしたためか。「できた場所」と「固まり方」に着目して簡潔
に書きなさい。思

□(4) Aの岩石は同じようなつくりの岩石の中では中程度に黒っぽく，Bの岩石は最も白っぽ
かった。A，Bの岩石の名称を答えなさい。

□(5) 記述 Aの岩石とBの岩石では全体的に岩石の色がちがう。岩石をつくるマグマの何がちが
うことからこのようなちがいが起こるか。簡潔に書きなさい。思

単元4　**大地の変化 — 教科書199〜212ページ**

❶	(1)	4点	(2)	5点
	(3)	5点	(4)	5点
	(5)			10点
❷	(1)	5点	(2)	5点
	(3) ①	5点		
	(3) ②			10点
❸	(1)	5点		
	(2) A	4点	B	4点
❹	(1)	4点	(2)	4点
	(3)			10点
	(4) A	5点	B	5点
	(5)			5点

定期テスト
予報　火山岩と深成岩のつくりとでき方はよく出題されるところなので，整理して覚えておきま
しょう。マグマのねばりけと火山の形，溶岩の色の関係もよく問われます。

（　）と□□□にあてはまる語句を答えよう。

1 地震のゆれの伝わり方

教科書 p.214〜216　▶▶①

□(1)　地震のゆれは，地下の ^①（　　　　　）がずれたときに発生する ^②（　　　　　）が地表まで届いたものである。

□(2)　地下で地震が発生した場所を ^③（　　　　　）といい，その真上の地表の地点を ^④（　　　　　）という。

□(3)　地震のゆれの大きさは，0〜7までの10階級（5，6は強と弱がある）の ^⑤（　　　　　）で表される。

□(4)　地震のゆれ始めの時刻が同じ地点を結ぶと，震央を中心とした ^⑥（　　　　　）状になることが多い。

□(5)　震度は，震源からはなれるほど ^⑦（　　　　　）なり，震度が同じ地点はほぼ ^⑧（　　　　　）状に分布する。

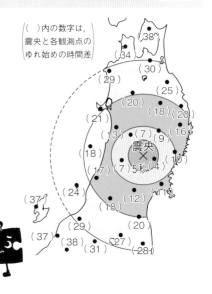

（　）内の数字は，震央と各観測点のゆれ始めの時間差

中心が同じで半径が異なる円を何と言ったかな。

2 地震の波と地震の規模

教科書 p.216〜217　▶▶②

□(1)　地震のはじめの小さなゆれを ^①（　　　　　），その後の大きなゆれを ^②（　　　　　）という。

□(2)　初期微動が始まってから主要動が始まるまでの時間を ^③（　　　　　）時間という。

□(3)　初期微動は ^④（　　　），主要動は ^⑤（　　　）が伝わることで起こる。^④は^⑤より伝わる速さが ^⑥（　　　）。

□(4)　図の^⑦〜^⑨

□(5)　初期微動継続時間は，震源からの距離が大きいほど ^⑩（　　　　　）なる。

□(6)　地震の規模を ^⑪（　　　　　）（記号はM）という。^⑪が大きいほど，震央の震度が大きくなり，ゆれが伝わる範囲が ^⑫（　　　　　）なる。

●地震計の記録

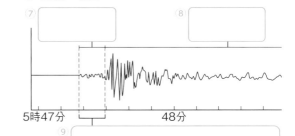

5時47分　　48分

●震源からの距離と初期微動継続時間

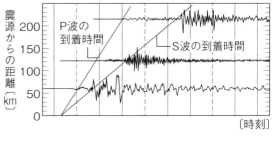

震源からの距離〔km〕

P波の到着時間

S波の到着時間

〔時刻〕

要点
●初期微動が始まってから主要動が始まるまでの時間を初期微動継続時間という。
●震源からの距離が大きいほど，初期微動継続時間が長くなる。

第2章　動き続ける大地(1)

① 図は，地震が発生した地点Aと観測地点の関係を表したものである。　▶▶**1**

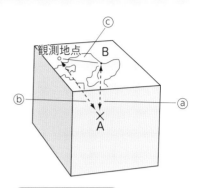

□(1)　地点Aを何というか。　（　　　　　）

□(2)　地点Aの真上の地表の地点Bを何というか。　（　　　　　）

□(3)　地震が発生してから観測地点まで地震の波が伝わる道筋を表しているのは，ⓐ～ⓒのどれか。　（　　　　　）

□(4)　地上の各地点でゆれ始めの時刻が同じ地点を結ぶと，同心円状になる。これは地震の波がどのように伝わるためか。次のⓐ～ⓒから選びなさい。　（　　　　　）

　　ⓐ　ゆれが一定の方向にしか伝わらないから。

　　ⓘ　ゆれがほぼ一定の速さで伝わるから。

　　ⓤ　ゆれが伝わる速さが地点によってちがうから。

□(5)　地震のゆれの大きさを表すもの(階級)を何というか。　（　　　　　）

震央(しんおう)からの距離が同じ地点にはほぼ同時に波が伝わるんだね。

② 図はある地震の震源からの距離と，地震が発生してからゆれⓐ，ⓑが始まるまでの時間の関係を表したグラフである。　▶▶**2**

□(1)　ゆれⓐ，ⓑをそれぞれ何というか。

　　　　ⓐ（　　　　　）　ⓑ（　　　　　）

□(2)　ゆれⓐ，ⓑを起こす波の伝わり方について，正しく述べたものをⓐ～ⓔから選びなさい。　（　　　　　）

　　ⓐ　ⓐを起こす波はⓑを起こす波より早く震源を出る。

　　ⓘ　ⓑを起こす波はⓐを起こす波より早く震源を出る。

　　ⓤ　ⓐを起こす波とⓑを起こす波は震源を同時に出るが，ⓐを起こす波のほうが速く伝わる。

　　ⓔ　ⓐを起こす波とⓑを起こす波は震源を同時に出るが，ⓑを起こす波のほうが速く伝わる。

□(3)　初期微動継続時間を表しているのは，ⓐ～ⓤのどれか。　（　　　　　）

□(4)　グラフから，震源からの距離の大きさと初期微動継続時間にはどのような関係があることがわかるか。次の文の（　）にあてはまる語句を書きなさい。　（　　　　　）

　　　震源からの距離が（　　）ほど，初期微動継続時間は長くなる。

□(5)　地震のゆれが大きいと考えられるのは，図の地点AとBのどちらか。　（　　　　　）

□(6)　地震の規模を表す値を何というか。　（　　　　　）

（グラフ）
震源からの距離〔km〕
400　300　地点A　200　地点B　100
ⓐ　ⓑ　ⓦ　ⓐ　ⓘ
0　20　40　60　80
地震発生からの時間〔s〕

ミスに注意　**②** (2) ゆれⓐを起こす波とゆれⓑを起こす波の伝わる速さは同じではない。

ヒント　**②** (4) ⓐとⓑの間が空いているほど，初期微動継続時間が長いことから考える。

( )と□にあてはまる語句を答えよう。

1 地震が起こるところ

教科書 p.218～221 ▶▶**①**

□(1) 地球の表面は ①( )という厚さ約 ②( )km の岩盤でおおわれている。

□(2) 日本列島付近の震源は，日本列島と太平洋側にある ③( )の間に多い。震源の深さは，太平洋側で ④( )，日本列島の下に向かって ⑤( )なる。

□(3) プレートの動きによって地下の岩盤に力が加わり，岩盤の一部が破壊されてできたずれを ⑥( )という。同時に ⑦( )が発生して地表に伝わる。

□(4) 地下の浅いところで大きな地震によってできた断層のうち，再びずれる可能性があるものを ⑧( )といい，このずれによる地震を ⑨( )型地震という。

□(5) プレートの境界の海溝付近を震源とする地震を ⑩( )型地震という。この地震の際には，震源付近の海水がもち上がり， ⑪( )が起こることもある。

□(6) 図の ⑫～⑭

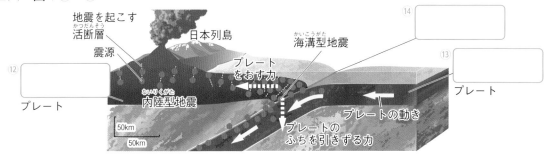

2 地震に備えるために

教科書 p.222～224 ▶▶**②**

□(1) 地震などで大地がもち上がることを ①( )，しずむことを ②( )という。

□(2) 地震によって，地面が急にやわらかくなる ③( )現象が起こることがある。

□(3) 海溝型地震で，海底の地形が変化したとき，図のように大量の海水が海岸におし寄せる ④( )が起こることがある。

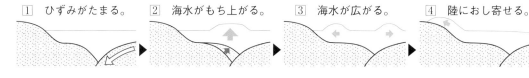

① ひずみがたまる。　② 海水がもち上がる。　③ 海水が広がる。　④ 陸におし寄せる。

□(4) 強いゆれの到着を事前に知らせる ⑤( )速報や，津波の危険を地図に記した津波 ⑥( )など，地震への対策がとられている。

要点	●地球の表面をおおうプレートの動きによって，断層ができ，地震が起こる。 ●大地がもち上がることを隆起，大地がしずむことを沈降という。

1 図1は，日本付近のプレート，図2は日本列島のある地域で起こったある年のマグニチュード3.0以上の地震の震源の分布を表したものである。 ▶▶ **1**

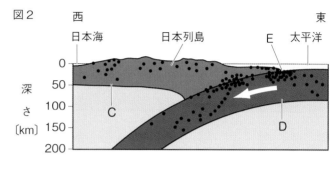

単元 4

大地の変化 — 教科書218〜224ページ

□(1) プレートの厚さはおよそどれくらいか。次の⑦〜⊆から選びなさい。 （　　　）

　⑦　1km　　　⦿　10km　　　⦿　100km　　　⊆　1000km

日本付近には4つのプレートの境目があるんだね。

□(2) 図1のA，Bのプレートの名称をそれぞれ答えなさい。

　A（　　　　　）プレート　　　B（　　　　　）プレート

□(3) 図2のC，Dのうち，海洋プレートはどちらか。（　　　）

□(4) 図2のDがCの下にしずみこむ場所の，谷のような海底地形Eを何というか。（　　　）

□(5) 図2で，CがDにおされることによって，Cをつくる岩盤がひずみ，一部が破壊されてずれが生じる。このようなずれを何というか。 （　　　）

□(6) (5)のうち，今後もずれが生じる可能性が高いものを何というか。（　　　）

2 図は，津波が起こるようすを模式的に表したものである。ただし，並べ方は変えてある。 ▶▶ **2**

□(1) 津波が起こる順番に⑦〜⦿を並べなさい。

　　（　　　）→（　　　）→（　　　）

□(2) 津波は，海溝型地震，内陸型地震のどちらのときに起こるか。

　　（　　　　　）

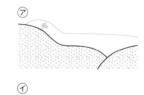

□(3) 津波について，正しいものを⑦〜⦿から選びなさい。

　　（　　　）

　⑦　岸の近くで地震が起こったときしか，津波は発生しない。

　⦿　陸から近い場所が震源の場合，津波は短時間で到達する。

　⦿　津波は海の表面付近の現象で，海底の変化はともなわない。

□(4) 大きな地震の際に，P波とS波の速さのちがいを利用して，強いゆれの到着を事前に知らせるものを何というか。

　　（　　　　　）

ミスに注意 **1** (3) 海洋プレートと大陸プレートのうち，しずみこむのがどちらかをまちがえないようにしよう。

ヒント **2** (2) 津波が発生する場所が海底であることから考える。

① 図は，ほぼ同じ深さで起こった2つの地震A・Bの震度の分布を表したものである。

25 点

- □(1) 震源の真上の地表の地点を何というか。
- □(2) 地震Bが起こったとき，ゆれが大きかったと考えられるのは，地点ⓐ・ⓑのどちらか。思
- □(3) 地震A・Bは，その規模にちがいがあると考えられる。
  - ① 地震の規模の大小を表す値を何というか。思
  - ② 地震の規模が大きかったと考えられるのは，A・Bのどちらか。
  - ③ 記述 ②で，地震の規模の大小を判断した理由を簡潔に書きなさい。思

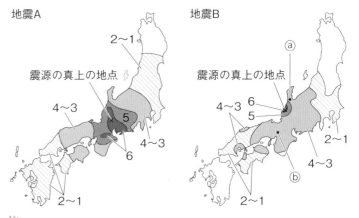

② 図は，同じ地震のゆれを，2地点A・Bに置いた地震計で記録したものである。

よく出る

25 点

- □(1) 計算 A・Bにおける初期微動継続時間はそれぞれ何秒か。技
- □(2) 計算 Aの震源からの距離は75kmであった。Bの震源からの距離は何kmか。思
- □(3) 計算 この地震で，P波の伝わった速さは秒速何kmか。
- □(4) 計算 この地震が起こった時刻を求めなさい。思

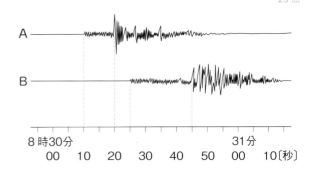

③ 表は，ある地震の初期微動と主要動が3地点A〜Cでそれぞれ始まった時刻と震源からの距離をまとめたものである。

よく出る

15 点

	震源からの距離	初期微動	主要動
A	40 km	15 時 31 分 50 秒	15 時 31 分 55 秒
B	120 km	15 時 32 分 00 秒	15 時 32 分 15 秒
C	200 km	15 時 32 分 10 秒	15 時 32 分 35 秒

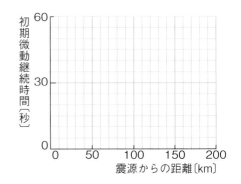

点UP
- □(1) 計算 作図 震源からの距離と，初期微動継続時間の関係を表すグラフをかきなさい。技
- □(2) 計算 この地震が起こった時刻を求めなさい。思

成績評価の観点   技…観察・実験の技能   思…科学的な思考・判断・表現

❹ 日本列島付近には，図のように４つのプレートがある。

35点

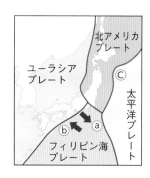

- ☐(1) 図のフィリピン海プレートは③，⑤のどちらに動いているか。
- ☐(2) 図の©は２つのプレートの境界で，海底の谷のような地形になっている。この地形は何とよばれているか。
- ☐(3) 日本付近の大陸プレートと海洋プレートの境界では，一方のプレートがもう一方のプレートに引きずりこまれ，ひずみが生じて，地震が起こる。大陸プレートと海洋プレートの主な動きを模式的に表したものとして，正しいものを次の⑦〜⊆から選びなさい。

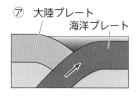 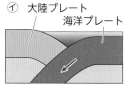 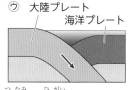 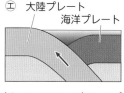

- ☐(4) 記述 日本付近で大きな地震が起こったとき，津波（つなみ）の被害（ひがい）が出ることがあるのはなぜか。プレートの図から考えて説明しなさい。思
- ☐(5) 記述 内陸型（ないりくがた）地震は活断層（かつだんそう）のずれで起こる。活断層とはどのようなものか，簡潔に説明しなさい。思
- ☐(6) 大きなゆれを事前に知らせる予報・速報を何というか。

（　）と[　]にあてはまる語句を答えよう。

1 地層のつくりとはたらき

教科書 p.226～227 ▶▶ ①

□(1)　長い年月のうちに，気温の変化や風雨のはたらきで，岩石がもろくなることを
① (　　　　　　　) という。

□(2)　流れる水のはたらきには，けずるはたらきである ② (　　　　　　　)，運ぶはたらきである
③ (　　　　　　　)，ためるはたらきである ④ (　　　　　) がある。

□(3)　れきや砂，泥，火山灰などが湖や海に積み重なり，⑤ (　　　　　　　) ができる。

□(4)　海に運ばれた土砂は，粒の大きいものほど海岸の ⑥ (　　　　　　　) に積もる。

●風雨や流れる水による大地の変化

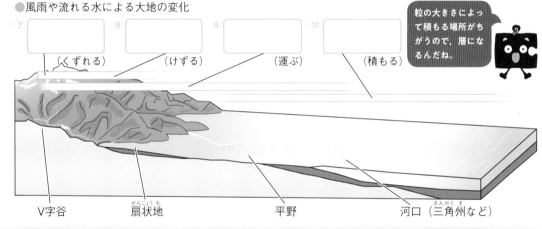

| ⑦ [　　] | ⑧ [　　] | ⑨ [　　] | ⑩ [　　] |

（くずれる）　（けずる）　　　（運ぶ）　　　（積もる）

粒の大きさによって積もる場所がちがうので，層になるんだね。

V字谷　　扇状地　　　平野　　　河口（三角州など）

2 堆積岩

教科書 p.228～231 ▶▶ ②

□(1)　堆積物がおし固められてできた岩石を ① (　　　　　　　) という。

□(2)　堆積岩の種類と特徴は次のようになる。

堆積岩	れき岩	砂岩	泥岩	④ [　　]	石灰岩	⑥ [　　]
主な堆積物	れき（2 mm 以上）	砂（2 mm～0.06 mm）	泥（0.06 mm 以下）	火山灰	貝殻やサンゴなど	海水中の小さな生物の殻など
特徴	粒は角が ② (　　　　　)。れき岩，砂岩，泥岩はふくまれている粒の ③ (　　　　) で区別する。			粒が角ばっている。	塩酸をかけると ⑤ (　　　) が発生する。	ハンマーでたたくと鉄がけずれるほどかたい。

□(3)　堆積岩は種類によって堆積する場所が異なるので，堆積岩を調べると，堆積したのがどのような場所や ⑦ (　　　　　　　) だったかを知る手がかりになる。

要点
　●流れる水には，侵食，運搬，堆積のはたらきがある。
　●堆積岩には，れき岩，砂岩，泥岩，凝灰岩，石灰岩，チャートなどがある。

1 図は，川の流れが海に注ぎこむようすを表したものである。　▶▶ **1**

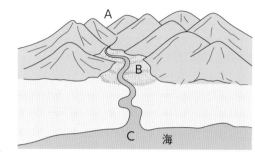

□(1) 岩石は長い年月の間に，①気温の変化や風雨のはたらきでもろくなり，②流水にけずられていく。①，②のはたらきをそれぞれ何というか。
　　　①（　　　　　）
　　　②（　　　　　）

□(2) 図のように，Aの付近でできた土砂は，流水によってBに①運ばれ，やがてCに②たまる。①，②のはたらきをそれぞれ何というか。　①（　　　　）　②（　　　　）

□(3) 土砂は，れき・砂・泥に分けられるが，これは何によって分けられたか。次の⑦〜⊆から選びなさい。
　　　⑦　粒の形　　⑦　粒の色　　⑦　粒の大きさ　　⊆　粒をつくる物質

□(4) 流水のはたらきで運ばれた土砂は，海底にたまって層をつくる。このような層を何というか。　　　　　　　　　　　（　　　　　）

2 図のA〜Cは，地層をつくる岩石のスケッチである。A〜Cは，どれも流水によって運ばれた土砂からできていた。　▶▶ **2**

□(1) 堆積物が固まり，地層をつくっている岩石を何というか。
　　　（　　　　　）

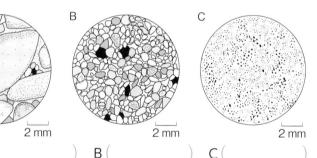

□(2) A〜Cは何という堆積岩か。それぞれの岩石名を書きなさい。
　　A（　　　　）　B（　　　　）　C（　　　　）

□(3) A〜Cをつくっている粒が火成岩をつくる粒などと比べて角がとれているのはなぜか。次の⑦〜⊆から選びなさい。　　　　　　　（　　　）
　　　⑦　A〜Cをつくる粒は，気温の変化や風雨のはたらきで，岩石がくずれたものだから。
　　　⑦　A〜Cをつくる粒が流水によって運搬される間に，角が水にとけてしまったから。
　　　⑦　A〜Cをつくる粒が流水によって運搬される間に，粒がぶつかり合ったから。
　　　⊆　A〜Cをつくる粒が堆積している間に，まわりから大きな力が加わったから。

□(4) 石灰岩とチャートは，流水でなく水中の生物の殻などが堆積したものである。うすい塩酸をかけたとき，気体が発生するのはどちらか。　　　　　　（　　　　　）

ミスに注意　**2** (3) 流水で運ばれていない凝灰岩（ぎょうかいがん）などの粒はまるみをもたない。

ヒント　**2** (4) 石灰岩は貝殻やサンゴ，チャートは海水中の別の種類の生物の殻からできていることを思い出そう。

（　）と□にあてはまる語句を答えよう。

1 地層や化石からわかること

教科書 p.232〜234　▶▶❶

- □(1) ①（　　　　　　）は，地層にうまった生物の死がいや巣穴などから長い年月をかけてできる。
- □(2) 地層は②（　　　　）から③（　　　　）に積み重なる。その地層のいちばん下の層が最も時代が④（　　　　）。
- □(3) その地層が堆積した当時の環境を知ることができる化石を⑤（　　　　　　）という。⑤になるのは，⑥（　　　　　　）環境にしかすめない生物である。

当時の環境を，その生物が現在すんでいる環境から推測できるね。

- □(4) 化石の例と堆積した当時の環境

サンゴのなかま
→あたたかくて，

⑦□

海だった。

シジミ
→河口や

⑧□

だった。

2 化石と地質年代

教科書 p.234〜235　▶▶❷

- □(1) 地層が堆積した年代を①（　　　　　　）という。
- □(2) 地層が堆積した年代を知ることができる化石を②（　　　　　　）という。
- □(3) ②には，ある期間だけ栄え，③（　　　　　）範囲にすんでいた生物の化石が適している。
- □(4) 地質年代には次のようなものがある。

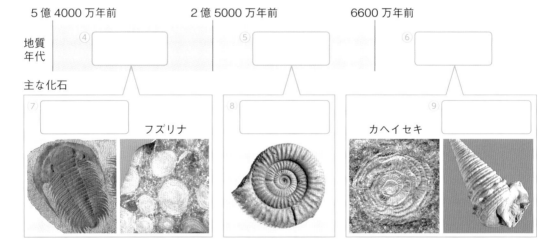

| 5億4000万年前 | 2億5000万年前 | 6600万年前 |

地質年代：④□　⑤□　⑥□

主な化石：⑦□　フズリナ　⑧□　⑨□　カヘイセキ

要点
- ●地層が堆積した当時の環境を知る手がかりとなる化石を示相化石という。
- ●地層が堆積した年代を知ることができる化石を示準化石という。

1 地層の観察を行った。図は，その結果である。　▶▶ **1**

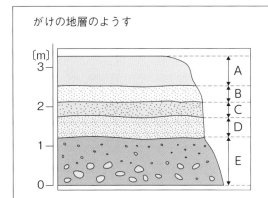

がけの地層のようす

わかったこと

・Aの層は，泥岩の層であった。

・Bの層は，砂岩の層であった。

・Cの層は，凝灰岩の層であった。

・Dの層は，砂岩の層で，この中からサンゴの化石が見つかった。

・Eの層は，れき岩の層で，石灰岩とチャートのれきがふくまれていた。

□(1)　最も河口の近くでできた岩石は，泥岩，砂岩，れき岩のどれか。　（　　　　　）

□(2)　この付近で火山活動があったことがわかる層は，A〜Eのどれか。　（　　　　　）

□(3)　Dの地層にふくまれているサンゴの化石は堆積した当時の環境を知る手がかりになる。このような化石を何というか。　（　　　　　）

□(4)　Dの層が堆積したのはどのような環境だったか。次の⑦〜㊉から選びなさい。（　　　　　）

　　⑦　あたたかく浅い海　　　⑦　冷たく浅い海

　　⑦　あたたかく深い海　　　㊉　冷たく深い海

2 図の化石A〜Cは，地層が堆積した年代を知る手がかりになる化石を表している。▶▶ **2**

A
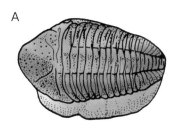

B

C
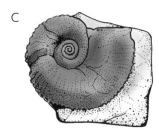

□(1)　図のように，地層が堆積した年代がわかる化石を何というか。　（　　　　　）

□(2)　(1)のような化石の栄えた期間の長さとすんでいた範囲について，説明しなさい。

　　（　　　　　　　　　　　　　　　　　　　　　　　　　　　　　　）

□(3)　図の化石A〜Cがふくまれる地層が堆積した時代は，それぞれ古生代，中生代，新生代のどれか。　A（　　　　）　B（　　　　）　C（　　　　）

ミスに注意　**1** (1) 重いものほど速く堆積し，軽いものほどゆっくり堆積する。

ヒント　**2** (3) Aはサンヨウチュウ，Bはビカリア，Cはアンモナイトである。

（　）にあてはまる語句を答えよう。

1 大地の動き

教科書 p.236 ～ 237　▶▶①

□(1) 図のように，インド大陸が移動しているのは，地球の表面をおおう ¹（　　　　　　　　）が年に数 cm～十数 cm ほど動き続けているからである。

□(2) ヒマラヤ山脈で，アンモナイトの化石が見つかるのは，インド大陸がユーラシア大陸にぶつかって，²（　　　　　　　　）の地層が隆起して山脈になったためである。アンモナイトはその地層が ³（　　　　　　）という地質年代に堆積したことを示す示準化石である。

□(3) 日本列島は ⁴（　　　　　　）方向におし縮められるような力を受けているので，海底の地層が長い時間をかけて ⁵（　　　　　　）して山地ができる。

□(4) 日本の伊豆半島は，⁶（　　　　　　　　　　）プレートの動きによって日本列島の一部になったと考えられる。

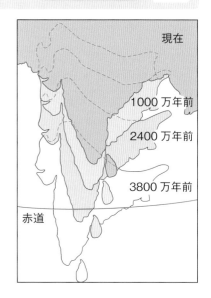

現在
1000 万年前
2400 万年前
3800 万年前
赤道

2 しゅう曲と断層

教科書 p.237　▶▶②

□(1) 図1のように，地層が大きく曲げられた地形を ¹（　　　　　　　　）という。このような地形は，図2のように，地層を ²（　　　　　　　　）大きな力によってできる。

図1

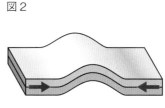

図2

ふせん紙を両側からおしたときと同じように波打つんだね。

□(2) 図3のように，地層がずれた地形を ³（　　　　　　）という。

□(3) 図1や図3のような地形をつくる大きな力は，⁴（　　　　　　　　　　）による力である。

□(4) ④の力は，⁵（　　　　　　）が起こる原因にもなる。

図3

要点
●プレート運動によって，大陸が動き，海底の地層が隆起して山地になる。
●しゅう曲や断層は，プレート運動による力がはたらいてできる。

1 伊豆半島は南の海にできた火山が，北上してできたといわれている。図は，伊豆半島が北上して日本列島に衝突したときの想像図である。 ▶▶ **1**

約100万年前 　約60万年前 　現在

□(1) 図のように伊豆半島が北上したのは，何の運動のためか。 （　　　　　　　）

□(2) 伊豆半島が南にあったことが推測できる証拠を次の⑦〜⼯から選びなさい。 （　　　）

　　⑦ 海底にすむアンモナイトの化石が見つかったから。

　　① しゅう曲が多く見られるから。

　　⑨ 断層が多く見られるから。

　　⼯ あたたかい海にすんでいる生物の化石が見つかったから。

南にあったということは，あたたかい地域だったと考えられるね。

□(3) 日本列島は大地のどのような力を受けているか。次の文の（　）に当てはまる語句を書きなさい。 ①（　　　　） ②（　　　　） ③（　　　　）

　　日本列島では，（ ① ）プレートが（ ② ）プレートの下にしずみこむため，（ ③ ）方向の大きな力を受け続けている。

2 図は，水平に堆積した地層に力がはたらき，変形したようすを表したものである。 ▶▶ **2**

□(1) Aのような地形の曲がりを何というか。 （　　　　　　　）

□(2) Bのような地層のずれを何というか。 （　　　　　　　）

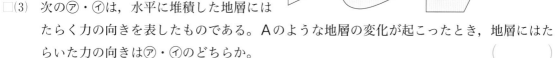

A 　B

□(3) 次の⑦・①は，水平に堆積した地層にはたらく力の向きを表したものである。Aのような地層の変化が起こったとき，地層にはたらいた力の向きは⑦・①のどちらか。 （　　　　　　　）

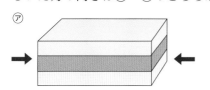

⑦

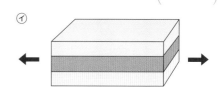

①

ヒント　**1**(3)地震が起こるしくみのところで学んだプレートの動きを思い出そう。

ミスに注意　**2**(3)おし縮めたときと，引っ張ったときの地層にかかる力を考えてみよう。

（　）にあてはまる語句を答えよう。

1 地層の観察

教科書 p.238～240 ▶▶**①**

- □(1) 地層を観察し，図のように結果をまとめた。Aの
  ように，地層の重なりを模式的に表したものを
  ①（　　　　　　）という。

- □(2) Aの層では，ⓐ，ⓑ，ⓒの順に堆積した時期が
  ②（　　　　　　）地層になっている。

- □(3) 堆積岩のようすから，ⓐ，ⓑ，ⓒが堆積した期間，
  堆積した場所と海岸の距離は次のように変化した。
  （　）にあてはまる語を書きなさい。
  ③（　　　　　）→④（　　　　　）→やや遠い。

大きい粒（つぶ）ほど陸
の近く，小さい粒ほど
陸からはなれた場所に
積もるね。

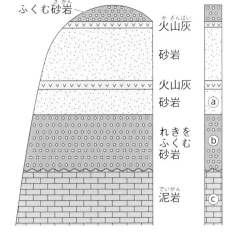

れきを
ふくむ砂岩

A

火山灰

砂岩

火山灰

砂岩

ⓐ

れきを
ふくむ
砂岩

ⓑ

泥岩

ⓒ

2 地層の広がり

教科書 p.240 ▶▶**②**

- □(1) 身近に観察に適した地層がないときには，土地にあなをほって地下の地層の土砂などを採
  取した①（　　　　　　　）試料などを使って，柱状図をつくることができる。

- □(2) 作図 次のボーリングの調査結果をもとにした柱状図から，地下の地層の広がりを予想して，
  柱状図の間に地層の各層の境目の線をかき入れよう。

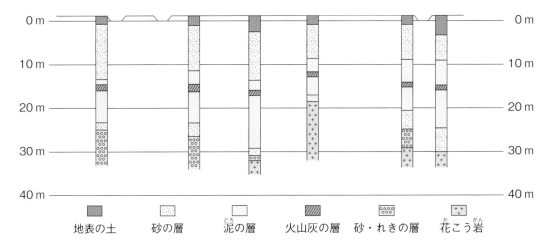

地表の土　　砂の層　　泥の層　　火山灰の層　　砂・れきの層　　花こう岩

要点
- ●地層の重なりを模式的に表したものを柱状図という。
- ●地層は連続して広がっている。

1 図は，あるがけに見られる地層を観察してスケッチしたものである。この地域の地層はほぼ水平に堆積していた。　▶▶ **1**

□(1) 火山灰の層から，この層が堆積したとき，何が
あったことがわかるか。　（　　　　　）

□(2) 地層が堆積するとき，泥と砂では，岸の近くに
堆積するのはどちらか。　（　　　　　）

□(3) れき岩→砂岩→泥岩が堆積する間に，堆積した
海底と陸との距離はどのように変化したか。次
の⑦～⊇から選びなさい。　（　　　　　）
⑦　土地が隆起し，陸から遠くなっていった。
⑦　土地が隆起し，陸に近くなっていった。
⑦　土地が沈降し，陸から遠くなっていった。
⊇　土地が沈降し，陸に近くなっていった。

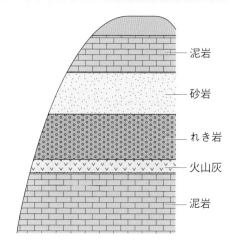

泥岩
砂岩
れき岩
火山灰
泥岩

2 各等高線の海水面からの高さが記された図1の3地点A～Cで地下のようすをボーリング調査した。図2は，その結果を表したものである。この地域の地層は一定の傾きでほぼ平行に重なり，しゅう曲や断層はない。　▶▶ **2**

□(1) 図2のように，地層のようすを模式的に表した図のことを
何というか。　（　　　　　）

□(2) 図2をつくるもとになった，ボーリングによって採取され
た，地層をつくっていた土砂などのことを何というか。
（　　　　　）

□(3) 図2の凝灰岩の層から，同じ時期(年代)に堆積した層を比
較することができる。この火山灰のような層を何というか。
（　　　　　）

図1
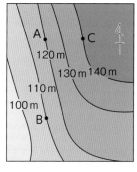
A ・C
120 m
130 m 140 m
110 m
100 m
B・

□(4) 地点Aの凝灰岩の層は標高(海水
面からの高さ)何m～何mのとこ
ろにあるか。
（　　　　）m～（　　　　）m

□(5) この地層はどの方角が低くなって
いるか。東，西，南，北のいずれ
かで答えなさい。
（　　　　　）

図2
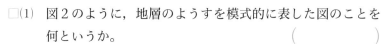

泥岩の層
砂岩の層
石灰岩の層
凝灰岩の層
れき岩の層

ミスに注意 2 (4) 地表からの深さから，そのまま25～35mとはしないこと。Aの地表の標高は120mであることに注意。
ヒント 2 (5) 凝灰岩の層の標高を比べることで，地層がどちらに傾いているかがわかる。

単元4 大地の変化 — 教科書238～240ページ

❶ 地層を調べるために露頭に出かけた。

15点

☐(1) 地層を観察するときの注意点として誤っているものはどれか。次の⑦～⑨から選びなさい。技

　　⑦　危険防止のため，図のように長そで長ズボンを着用する。

　　④　全体のようすをスケッチしたら，柱状図を作成する。

　　⑨　露頭に着いたら，地形図上に印と日付などを書く。

　　⑨　カメラで撮影すれば，スケッチはしなくてもよい。

☐(2) ルーペの適切な使い方はどれか。次の⑦～⑨から選びなさい。技

　　⑦　地層にふくまれている岩石や化石などの一部の採取のために使う。

　　④　地層の位置を確かめ，ほかの地層との関連を調べるために使う。

　　⑨　岩石の中にふくまれている鉱物のようすを見るために使う。

　　⑨　地層の傾きや，広がっている方向を調べるために使う。

点UP ☐(3) 記述 ハンマーを使うときは，どのようなことに注意すればよいか。簡潔に書きなさい。技

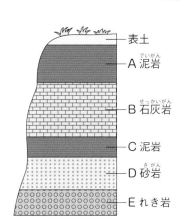

❷ 図は，ある露頭を観察した結果である。

22点

☐(1) 最も古い時代に堆積したと考えられる地層はどれか。図のA～Eから選びなさい。思

☐(2) C～Eが堆積したころの堆積した海底のようすとして正しいものはどれか。次の⑦～⑨から選びなさい。思

　　⑦　海水面が一度上昇したが，その後下降した。

　　④　大きな地震が起こり，断層ができた。

　　⑨　沖合いからしだいに海岸近くになった。

　　⑨　海岸近くからしだいに沖合いになった。

表土
A 泥岩
B 石灰岩
C 泥岩
D 砂岩
E れき岩

☐(3) Dには，シジミの化石がふくまれていた。

　　① Dが堆積した当時の環境はどのようであったか。次の⑦～⑨から選びなさい。

　　　⑦　あたたかくて浅い海　　④　海水と淡水が混ざる河口や湖

　　　⑨　冷たくて浅い海　　⑨　比較的寒い陸上

　　② シジミの化石のように，地層が堆積した当時の環境を知る手がかりとなる化石を何というか。

☐(4) Eには，アンモナイトの化石がふくまれていた。

　　① Eが堆積した地質年代はいつか。次の⑦～⑨から選びなさい。

　　　⑦　古生代　　④　中生代　　⑨　新生代

　　② アンモナイトの化石のように，地層が堆積した地質年代を推定できる化石を何というか。

　　成績評価の観点　技…観察・実験の技能　思…科学的な思考・判断・表現

❸ 図のA〜Cは，いろいろな地層の変化を表したものである。 21点

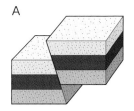 A 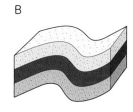 B 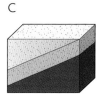 C

- □(1) A・Bのような地層の変形をそれぞれ何というか。

- □(2) 次の①〜③は，それぞれA〜Cのどれについて述べたものか。

  ① 地層に加えられた力によって，水平に堆積した地層が隆起（りゅうき）したときに傾いた。

  ② 地層に加えられた力によって岩石が破壊（はかい）され，地層がずれた。

  ③ 地層に加えられた力によって地層が曲がった。

- □(3) AとBで加わる力について，正しく述べたものはどれか。次の⑦〜⑤から選びなさい。 思

  ⑦ A…左右からおす力， B…左右からおす力

  ⑦ A…左右に引く力， B…左右からおす力

  ⑦ A…左右からおす力， B…左右に引く力

  ⑦ A…左右に引く力， B…左右に引く力

❹ 図1の地域でボーリングを行い，地下のようすを調べた。図2は，その結果を表したものである。また，この地域の地層はほぼ水平に連続してつながっていた。

42点

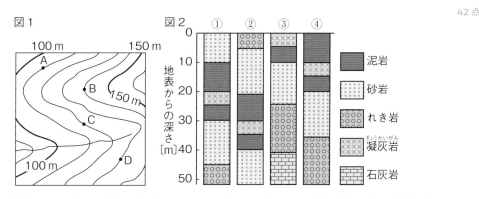

- □(1) 泥岩，砂岩，れき岩は，何のちがいによって分けられるか。次の⑦〜⑤から選びなさい。

  ⑦ 粒のねばりけ　　⑦ 粒の形　　⑦ 粒の色　　⑤ 粒の大きさ

- □(2) 泥岩，砂岩，れき岩のうち，最も水の動きが少ない場所に堆積してできたものはどれか。

- □(3) 記述 泥岩，砂岩，れき岩にふくまれる粒は，まるみを帯びていることが多い。その理由を簡潔に書きなさい。 思

- □(4) 記述 堆積岩が石灰岩であることを調べるには，何を確かめればよいか。その方法と結果がわかるように書きなさい。 技

- □(5) 図1のA〜Dを標高の高い地点から並べるとどうなるか。次の⑦〜⑦から選びなさい。 思

  ⑦ A→B→C→D　　⑦ B→C→A→D　　⑦ B→D→A→C

  ⑤ B→D→C→A　　⑦ D→B→C→A　　⑦ D→C→B→A

- □(6) 図2の①〜④は，それぞれ，A〜Dのどの調査地点のものか。 思

❶

(1)	(2)
	4点		4点

(3)	
	7点

❷

(1)	(2)
	4点		4点

(3)	①	②
		4点		3点

(4)	①	②
		4点		3点

❸

(1)	A	B
		4点		4点

(2)	①	②
		3点		3点
	③	
		3点	

(3)	
	4点

❹

(1)	(2)
	4点		4点

(3)	
	7点

(4)	
	7点

(5)	
	4点

(6)	①	②
		4点		4点
	③	④
		4点		4点

定期テスト
予報　示相化石と示準化石は，主な化石を覚えておきましょう。れき岩，砂岩，泥岩の層から堆積
当時の海の深さがどのように変わったかなどもよく問われます。

テスト前に役立つ！

\\ 定期テスト //

予想問題

チェック！

- テスト本番を意識し，時間を計って解きましょう。

- 取り組んだあとは，必ず答え合わせを行い，
  まちがえたところを復習しましょう。

- 観点別評価を活用して，自分の苦手なところを確認しましょう。

> テスト前に解いて，わからない問題やまちがえた問題は，もう一度確認しておこう！

第1章　生物の観察と分類のしかた
第2章　植物の分類

時間30分　／100点　合格70点　解答 p.33

① 図1は被子植物の花のつくり，図2は果実のつくりの模式図である。　　25点

□(1) 図1のA～Eの名称をそれぞれ書きなさい。

□(2) 図2のF，Gにあたるものは，図1のA～Eのどれか。記号で答えなさい。

□(3) 図1から図2へ変化するためには，何が行われることが必要か。

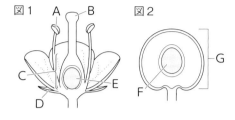

② 図は，花A・BをつけたマツのZ枝と，そのりん片C・Dを表したものである。　　18点

□(1) Aについて正しく述べたものはどれか。次の⑦～⊆から選びなさい。

　　⑦　Aは雌花で，りん片はCである。

　　⊘　Aは雌花で，りん片はDである。

　　⑦　Aは雄花で，りん片はCである。

　　⊆　Aは雄花で，りん片はDである。

□(2) マツの種子のでき方について正しく述べたものはどれか。次の⑦～⊆から選びなさい。

　　⑦　花粉のう@が種子になる。　　⊘　胚珠@が種子になる。

　　⑦　花粉のうⓑが種子になる。　　⊆　胚珠ⓑが種子になる。

□(3) 記述 マツには果実ができないのはなぜか。その花のつくりから説明しなさい。思

③ 図1は，イヌワラビのからだのつくり，図2は，そのからだの一部を拡大して示したものである。　　17点

□(1) イヌワラビの①茎と②根は，それぞれ図1のA～Cのどの部分か。

□(2) 図2のつくりを何というか。

□(3) 図2のつくりが集まっているのはどの部分か。次の⑦～⊆から選びなさい。

　　⑦　葉の表　　⊘　葉の裏

　　⑦　茎　　　⊆　根

□(4) イヌワラビのように花のさかない植物にゼニゴケがある。ゼニゴケについて誤って述べたものはどれか。次の⑦～⊆から2つ選びなさい。

　　⑦　雌株と雄株の区別がある。　⊘　仮根がある。

　　⑦　葉，茎，根の区別がある。　⊆　種子をつくる。

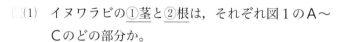

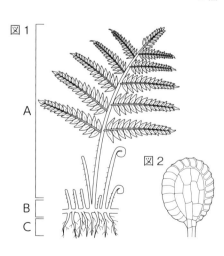

　成績評価の観点　技…観察・実験の技能　思…科学的な思考・判断・表現

❹ 図1は種子植物をいろいろな特徴で分類したもの，図2はある2種類の植物の葉の表面を拡大して葉脈のようすを模式的に表したものである。

40点

図1

☐(1) 図1の①〜④に当てはまる分類名はそれぞれ何か。

☐(2) 図2は，図1のBとCのグループの植物の葉脈のようすを表している。Cの植物の葉脈は，ⓐ，ⓑのどちらか。

図2

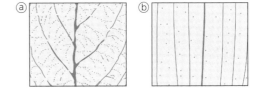

☐(3) 図1のA〜Cのグループに当てはまる植物はどれか。それぞれ次の㋐〜㋑から選びなさい。

㋐ ユリ　　㋑ アサガオ　　㋒ ソテツ　　㋓ イヌワラビ

☐(4) 記述 植物は，大きく種子植物と，それ以外の植物の2つのグループに分けることができる。種子植物と，それ以外の植物を分類する観点(特徴)を書きなさい。思

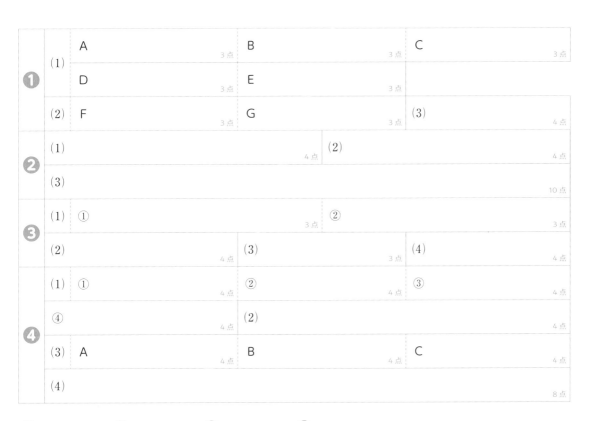

		A		B		C	
❶	(1)	A	3点	B	3点	C	3点
		D	3点	E	3点		
	(2)	F	3点	G	3点	(3)	4点
❷	(1)		4点	(2)			4点
	(3)						10点
❸	(1)	①	3点	②			3点
	(2)		4点	(3)	3点	(4)	4点
❹	(1)	①	4点	②	4点	③	4点
	④		4点	(2)			4点
	(3)	A	4点	B	4点	C	4点
	(4)						8点

1 表は，10種類のセキツイ動物を5つのグループに分けたものである。次の問いに答えなさい。

40点

□(1)　魚類，ハチュウ類，ホニュウ類はどれか。A～Eからそれぞれ選びなさい。

□(2)　次の①～③の動物が属するグループを，それぞれA～Eから全て選びなさい。技
①　胎生である動物
②　陸上に卵をうむ動物
③　からだが羽毛でおおわれている動物

□(3)　A，Bに属する動物の呼吸のしかたについての説明を，それぞれ⑦～⼯から選びなさい。
⑦　子も親もえらで呼吸する。
⼀　子も親も肺で呼吸する。
⑦　子はえらと皮膚で呼吸し，親になると肺と皮膚で呼吸する。
⼯　子は肺で呼吸し，親になるとえらと皮膚で呼吸する。

グループ	動物名
A	アデリーペンギン ダチョウ
B	サンショウウオ イモリ
C	ウサギ コウモリ
D	メダカ フナ
E	アオダイショウ カメ

よく出る 2 次のA～Fは，いろいろな無セキツイ動物を表したものであり，このうちの1つを除いたすべてが節足動物である。あとの問いに答えなさい。

25点

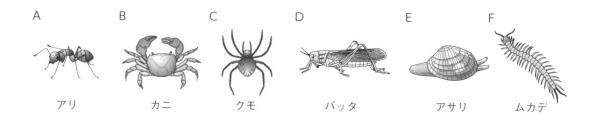

A アリ　　B カニ　　C クモ　　D バッタ　　E アサリ　　F ムカデ

□(1)　節足動物でないものをA～Fから選びなさい。

□(2)　昆虫類をA～Fから全て選びなさい。

□(3)　昆虫類の特徴を，次の⑦～⼯から全て選びなさい。
⑦　かたいうろこでおおわれている。
⼀　からだが頭部，胸部，腹部に分かれている。
⑦　肺で呼吸する。
⼯　3対のあしがある。

点UP □(4)　記述 BとEのなかまの多くに共通している生活場所と呼吸のしかたは，どのようなものか。簡潔に書きなさい。思

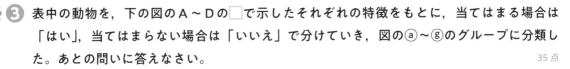

❸ 表中の動物を，下の図のA〜Dの□で示したそれぞれの特徴をもとに，当てはまる場合は「はい」，当てはまらない場合は「いいえ」で分けていき，図の@〜⑧のグループに分類した。あとの問いに答えなさい。　35点

表

動物
カニ，サンショウウオ，アサリ
チョウ，ニワトリ，イヌ，イカ
ウズラ，ネズミ，メダカ
サケ，カエル，カメ，ワニ

□(1)　図のA〜Dに入る特徴はそれぞれどれか。次の⑦〜㊁から選びなさい。技

　　⑦　内臓が外とう膜に包まれている。

　　⑦　卵に殻がある。

　　⑦　体表が羽毛でおおわれている。

　　㊁　一生えらで呼吸する。

□(2)　記述 図の@のグループに分類される動物は，子のうまれ方が胎生である。どのようなうまれ方か，簡潔に説明しなさい。思

□(3)　図の⑧のグループに分類される動物を何というか。

<table>
<tr><td colspan="2"></td><td>魚類
5点</td><td>ハチュウ類
5点</td><td>ホニュウ類
5点</td></tr>
</table>

		魚類	ハチュウ類	ホニュウ類
❶	(1)			
	(2) ①	②	③	
	(3) A	B		
❷	(1)	(2)	(3)	
	(4)			
❸	(1) A	B	C	
	D			
	(2)			
	(3)			

(vertical text, right margin)
定期テスト予想問題

いろいろな生物とその共通点 ― 教科書45〜63ページ

❶　　　/40点　　❷　　　/25点　　❸　　　/35点

123

❶ 図は，ガスバーナーを表したものである。技　　26点

☐(1) 図のねじA・Bは，それぞれ何の量を調節するものか。

☐(2) ガスバーナーに点火して炎の大きさを調節したが，炎が黄色くゆらめいていた。

　① 炎を適切な状態にするには，何の量をどうすればよいか。

　② ①の状態にするとき，A・Bをどうすればよいか。それぞれ，次の⑦〜⑨から選びなさい。

　　⑦　ⓐの向きに回す。　　④　ⓑの向きに回す。　　⑨　動かないようにする。

❷ よく出る 白い粉末A〜Cについて，次の実験1・2を行った。ただし，A〜Cは，砂糖・食塩・デンプンのどれかである。　　16点

実験 1．A〜Cを燃焼さじにとって加熱したところ，Aは変化しなかったが，BとCは炎を上げて燃えた。火のついたBとCを集気びんに入れて燃やし，火が消えてから燃焼さじをとり出して，石灰水を入れてよくふった。

石灰水

2．水に入れるとAとCはとけたが，Bはとけなかった。

☐(1) 火のついたBとCを入れると，集気びんの内側がくもった。このくもりは何か。

☐(2) 実験1で集気びんをよくふった後，石灰水はどのように変化したか。

☐(3) (2)の石灰水の変化から，BとCが燃えるとできたことがわかる物質は何か。

☐(4) デンプンは，A〜Cのどれか。

❸ 図のように，水 40.0 cm³ を入れたガラス器具に質量 40.9 g の金属A をしずめると，体積が 15.2 cm³ であることがわかった。技 思　　14点

☐(1) Aをしずめたときのガラス器具の水面の位置として正しいものはどれか。次の⑦〜㋑から選びなさい。

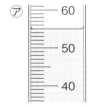 ⑦　60 50 40　 ④　60 50 40　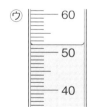 ⑨　60 50 40　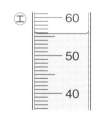 ㋑　60 50 40

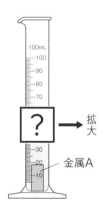

100mL
100
90
70
? → 拡大
30
20
10
金属A

☐(2) 図のガラス器具を何というか。

☐(3) 計算 Aの密度は何 g/cm³ になるか。答えは小数第2位を四捨五入して，小数第1位まで求めなさい。技

❹ 図は，気体の集め方を模式的に表したものである。 22 点

□(1) Aの集め方を何というか。名称を書きなさい。

点UP □(2) 記述 Aの集め方が適する気体は，どのような性質があるか。簡潔に書きなさい。 思

□(3) B，Cの集め方が適する気体を，それぞれ次の〔 〕内の気体から全て選びなさい。
〔 二酸化炭素 酸素 窒素 アンモニア 〕

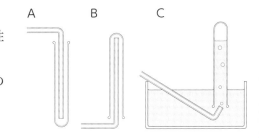

A   B   C

❺ 図1のような装置でうすい塩酸に亜鉛を入れ，気体を発生させた。また，アンモニアを満たしたフラスコを用いて図2のような装置をつくり，スポイトから少量の水を入れると，水槽の水が吸い上げられてフラスコに入った。 技 思 22 点

□(1) 図1で発生した気体は何か。

□(2) 図1の気体を集めるのに最も適した方法は何か。

点UP □(3) 記述 図2の実験で，水がフラスコに吸い上げられたのは，アンモニアにどのような性質があるためか。

□(4) フラスコに入った水をとり，緑色のBTB溶液を数滴落とした。水は何色になったか。

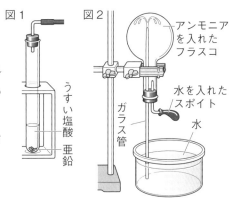

図1　うすい塩酸　亜鉛
図2　アンモニアを入れたフラスコ　水を入れたスポイト　ガラス管　水

❶	(1)	A		の量 4点	B	の量 4点
	(2)	①				10点
		②	A	4点	B	4点
❷	(1)			4点	(2)	4点
	(3)			4点	(4)	4点
❸	(1)			5点	(2)	4点
	(3)		g/cm³	5点		
❹	(1)		4点	(2)		10点
	(3)	B		4点	C	4点
❺	(1)			4点	(2)	4点
	(3)					10点
	(4)		色	4点		

❶ ／26点　❷ ／16点　❸ ／14点　❹ ／22点　❺ ／22点

第3章　水溶液の性質
第4章　物質の姿と状態変化

時間 30分 ／100点　合格 70点　解答 p.36

よく出る **❶** Aのように，カップの水120gに砂糖30gを入れた。ただし，水の粒子は省略してある。

技 23点

□(1) **作図** Aの水をよくかき混ぜると，砂糖が全部とけた。このときの砂糖の粒子はどうなっているか。図のBに砂糖の粒子を記入しなさい。

□(2) かき混ぜてできた砂糖水の温度を保ち，水が蒸発しないようにして放置した。砂糖の粒子はどのようになるか。次の⑦〜⑦から選びなさい。

　　⑦　水面近くにういて集まってくる。

　　⑦　カップの底の方にしずんでくる。

　　⑦　全体に均一に散らばっている。

□(3) **計算** 砂糖が全部とけた砂糖水の①質量は何gか。また，②質量パーセント濃度は何%か。

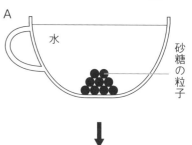
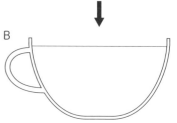

❷ 60 ℃の水100gを入れたビーカーを3個用意し，硝酸カリウム，ミョウバン，塩化ナトリウムの飽和水溶液をつくった。図は，3つの物質の溶解度曲線である。

12点

□(1) 60 ℃の飽和水溶液を20 ℃まで冷やしたとき，最も多くの結晶をとり出せるのは，3つの物質のうちのどれか。思

□(2) 飽和水溶液を冷やすと結晶が得られる。水溶液にとけた物質を結晶としてとり出すことを何というか。

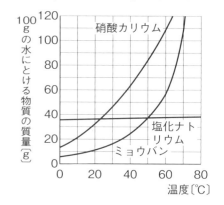

❸ 白色の硝酸カリウムに水を入れてよくかき混ぜたところ，その一部がとけ残ったので，図のようにして，水溶液ととけ残りを分けようとした。技

20点

□(1) 硝酸カリウム水溶液で，硝酸カリウムのように①とけている物質，水のように②とかしている液体をそれぞれ何というか。

□(2) 図は，ろ過の方法としては誤っていて，ろ過を正しく行うには，ある実験器具を用意しなければならない。それは何か。

□(3) 正しい方法でろ過された液体(ろ液)をスライドガラスに1滴とり，かわかした。スライドガラスはどうなっているか。次の⑦〜⑦から1つ選びなさい。思

　　⑦　何も残っていない。　　⑦　茶色の固体が残った。　　⑦　白い固体が残った。

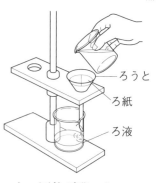

成績評価の観点　技…観察・実験の技能　思…科学的な思考・判断・表現

④ 固体のロウをビーカーに入れて加熱し，ロウがとけ始めてから完全にとけるまでの時間と温度を測定すると，グラフのようになった。[思]　30点

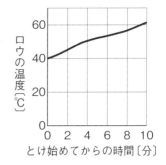

- □(1) 固体を加熱したとき，とけて液体になる温度を何というか。
- □(2) ロウは，純粋な物質・混合物のどちらか。
- □(3) [記述] (2)で，そのように判断した理由を書きなさい。[思]
- □(4) とけ終わったロウの質量は，とける前と比べてどうだったか。
- □(5) とけて液体になったロウの中に固体のロウを入れた。このとき，固体のロウのうきしずみはどうなるか。

定期テスト予想問題 身のまわりの物質 一 教科書103〜133ページ

⑤ 水とエタノールの混合物に沸騰石を入れて加熱し，出てきた気体を冷やして液体として集めた。　15点

- □(1) [記述] 水とエタノールの混合物に沸騰石を入れておくのはなぜか。[技]
- □(2) 水とエタノールの混合物の加熱時間と出てくる気体の温度の関係を表したグラフはどうなるか。次の⑦〜⊕から選びなさい。[思]

⑦ 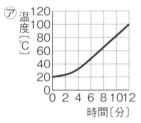　⊘ 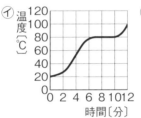　⑦ 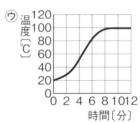　⊕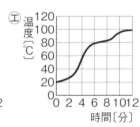

❶	(1)	図に記入	6点	(2)		5点
	(3)	①	g 6点	②	%	6点
❷	(1)		6点	(2)		6点
❸	(1)	①	5点	②		5点
	(2)		5点	(3)		5点
❹	(1)		5点	(2)		5点
	(3)					10点
	(4)		5点	(5)		5点
❺	(1)					10点
	(2)		5点			

① 鏡に光が当たると反射して像ができる。 40点

□(1) 図1は，電球から出た光が点○で反射して観測者に届くまでの道筋を，真上から見て表したものである。入射角はどれか。図の⑦〜エから選びなさい。

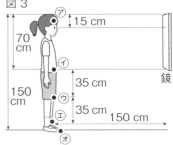

□(2) 鏡と4本の鉛筆A〜Dを水平な方眼紙の上に垂直に立て，点Pから鏡にうつった鉛筆の像を観察した。図2は，これを真上から見たものである。Pから鏡にうつった像が見えた鉛筆はどれか。A〜Dから全て選びなさい。[技]

□(3) Aさんは，図3のように垂直にとりつけられた鏡の前に立った。数字は，Aさんの身長や鏡の大きさ，鏡までの距離などを表している。

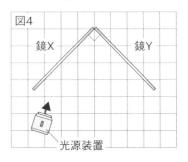

① Aさんが鏡にうつる自分を見たとき，図3に示した⑦〜オで示した部分のうち，見えない点はどれか。全て選びなさい。[思]

② Aさんが鏡に50cm近づいた。見える部分はどうなるか。次の⑦〜⑦から選びなさい。[思]

⑦　増える。　⑦　減る。　⑦　変わらない。

□(4) [作図] 図4は，直角に合わせた鏡X，Yに光を当てたときのようすを真上から見たものである。ただし，光の道筋はかかれていない。光は鏡Xで反射し，さらに鏡Yで反射して進んだ。光の道筋を図4にかきなさい。[技]

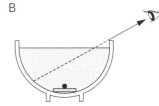

② 図のAのように，茶わんの底にコインを置いたところ，コインは見えなかった。Bのように水を入れたところ，コインはちょうど見えるようになった。 15点

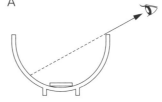

□(1) 光が物質の境界面で折れ曲がって進むことを何というか。

□(2) [作図] コイン上の点（・）から出た光が目に届くまでの道筋を，図のBにかき入れなさい。[技]

成績評価の観点　[技]…観察・実験の技能　[思]…科学的な思考・判断・表現

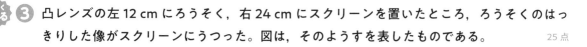

3 凸レンズの左12 cmにろうそく，右24 cmにスクリーンを置いたところ，ろうそくのはっきりした像がスクリーンにうつった。図は，そのようすを表したものである。 25点

□(1) 作図 ろうそくから出た光A・Bがスクリーンまで進む道筋を作図しなさい。技

□(2) この凸レンズの焦点距離は何cmか。思

□(3) ろうそくとスクリーンの位置は変えず，凸レンズをスクリーンに近づけて，はっきりした像を再びスクリーンにうつした。このときの凸レンズとろうそくの距離は何cmか。思

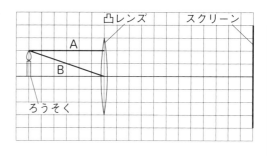

定期テスト予想問題

身のまわりの現象 ― 教科書145〜162ページ

4 図のように2本のろうそくを並べて置き，じゅうぶんにはなれた位置から凸レンズに近づけ，できる像を調べた。 20点

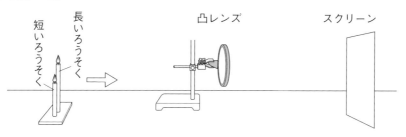

□(1) スクリーンにうつる像を凸レンズ側から見た図を右の㋐〜㋓から選びなさい。

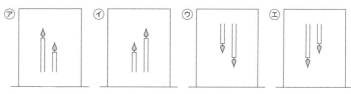

□(2) 2本のろうそくを凸レンズに近づけていくと，ろうそくと凸レンズの距離が20 cmになったとき，スクリーンをどの位置に置いても像がうつらなかった。凸レンズの焦点距離は何cmか。

□(3) スクリーンに実物と同じ大きさの像がうつるとき，ろうそくと凸レンズの距離は何cmか。思

❶	(1) 5点		(2) 10点	
	(3) ① 10点		② 5点	
	(4) 図に記入 10点			
❷	(1) 5点		(2) 図に記入 10点	
❸	(1) A 図に記入 5点		B 図に記入 5点	
	(2) cm 5点		(3) cm 10点	
❹	(1) 5点			
	(2) cm 5点		(3) cm 10点	

❶ 図1のように，プラスチック管にとりつけたマイクＡ・Ｂに向かって手をたたき，それぞれに伝わった音をコンピュータに記録した。2つのマイクとたたいた手までの距離には1ｍの差があった。　　25点

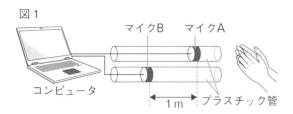

図1　マイクＢ　マイクＡ　コンピュータ　1ｍ　プラスチック管

図2　振動の幅　0.003秒　マイクＡ　振動の幅　マイクＢ　0　0.005　0.010　0.015　0.020　時間〔s〕

☐(1) 音は，振動が何となって伝わるか。

☐(2) 計算 図2のように，手をたたいたときに出た音がＡに伝わってＢに伝わるまでに0.003秒のずれがあった。音は，空気中を1秒間に何ｍ進むか。答えは小数第1位を四捨五入して整数で書きなさい。技

点UP ☐(3) Ｂで記録された音は，Ａで記録された音に比べて振動の幅が小さい。このことから，Ｂで記録された音は，Ａで記録された音と比べてどうだったといえるか。思

よく出る ❷ 図1のように，ＡＢ間に張った弦の間に木片Ｐを入れ，ＰＢ間をはじいた。　　15点

点UP ☐(1) 図2は，弦のＰＢ間をはじいたときに出た音の記録である。振動数は何Hzか。技

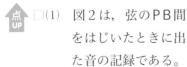

図1　Ａ　Ｐ　Ｂ

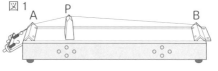

図2　振幅　2　1　0　-1　-2　0.000　0.005　0.010　時間〔s〕

☐(2) 木片ＰをＢに近づけてから，ＰＢ間をはじいた。このときに出た音の波形として適切なものを次の⑦〜①から選びなさい。思

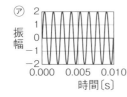

⑦ 振幅　2　1　0　-1　-2　0.000　0.005　0.010　時間〔s〕

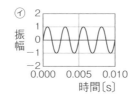

① 振幅　2　1　0　-1　-2　0.000　0.005　0.010　時間〔s〕

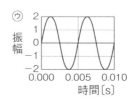

⑦ 振幅　2　1　0　-1　-2　0.000　0.005　0.010　時間〔s〕

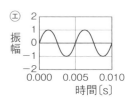

① 振幅　2　1　0　-1　-2　0.000　0.005　0.010　時間〔s〕

❸ 図のように走っている自動車のタイヤの点Ｐには，地面から摩擦力がはたらく。　　15点

☐(1) 摩擦力のはたらきを，次の⑦〜⑦から選びなさい。思
　⑦　物体の形を変える。　　①　物体を支える。
　⑦　物体の運動のようす（速さや向き）を変える。

☐(2) 作図 タイヤにはたらく摩擦力の向きを図中に記入しなさい。思

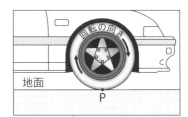

回転の向き　地面　Ｐ

　成績評価の観点　技…観察・実験の技能　思…科学的な思考・判断・表現

4 あるばねにつり下げるおもりの重さを変え，そののびを調べた。表はその結果である。 20点

力の大きさ〔N〕	0	1.0	2.0	3.0	4.0
ばねののび〔cm〕	0	3.1	6.0	8.9	12.0

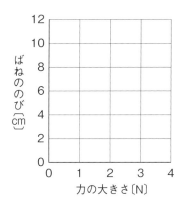

□(1) 表の値は測定値で，真の値とは差がある。測定値と真の値との差を何というか。

□(2) [作図] このばねに加えた力の大きさと，ばねののびの関係を表すグラフをかきなさい。[技]

□(3) このばねに6.0Nの力を加えたときののびは何cmか。[思]

5 図のように，A君とB君が台車をおし合ったが，台車は動かなかった。 25点

□(1) A君が2Nの力でおしたとき，B君は何Nの力でおしているか。

□(2) このとき，A君がおす力とB君がおす力はつり合っているといえるか。

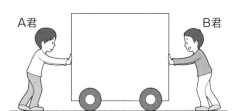

□(3) [作図] 右の図に，(1)，(2)でA君がおす力とB君がおす力を矢印で記入しなさい。ただし，1Nを0.5cmとして表すこと。[技]

□(4) [記述] A君がさらに大きい力でおすと，台車がB君のほうに動いた。台車を静止したままにするには，B君がおす力をどうすればよいか。[思]

	(1)		(2)	m
1		5点		10点
	(3)			
				10点
2	(1)	Hz 10点	(2)	5点
3	(1)	5点	(2) 図に記入	10点
	(1)	5点	(2) 図に記入	10点
4	(3)	cm 5点		
	(1)	N 5点	(2)	5点
5	(3) 図に記入	10点		
	(4)			5点

1 ／25点 　**2** ／15点 　**3** ／15点 　**4** ／20点 　**5** ／25点

131

❶ 異なる火山で採取した火山灰A・Bをよく水洗いして, ルーペで観察した。図1はそのスケッチである。　　　15点

□(1)　火山灰の水洗いはどのように行ったか。次の⑦～ⓔから選びなさい。 技

　　⑦　粒をくだくようにして強く洗う。

　　⑦　粒をこすり合わせるようにして洗う。

　　⑦　指でかきまわすようにして洗う。

　　ⓔ　指の先でおすようにして洗う。

図1
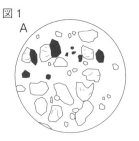

□(2)　図1のA, Bのうち, マグマのねばりけが強い火山の火山灰はどちらだと考えられるか。

□(3)　図2は, 典型的な火山の形を模式的に表したものである。(2)の火山灰をふき出す火山は@～©のどの形をしているか。 思

図2 @
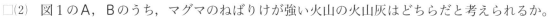

❷ 図は, ある火成岩のつくりを模式的に示したものである。　　　35点

□(1)　図の火成岩の目に見えないほど小さな粒の部分A, やや大きな粒の部分Bを, それぞれ何というか。

□(2)　図のような火成岩のつくりを何というか。

□(3)　図のようなつくりの火成岩を何というか。

点UP □(4)　記述 図のような火成岩はマグマがどのような場所で, どのように冷え固まってできるか。簡潔に書け。 思

□(5)　次の⑦～ⓔから図の火成岩のなかまを選びなさい。

　　⑦　せん緑岩　　⑦　はんれい岩　　⑦　花こう岩　　ⓔ　玄武岩

❸ 図は, ある地点での地震のゆれの記録である。　　　20点

□(1)　図のように, 地震のゆれを記録する装置を何というか。

□(2)　図のゆれBを何というか。

□(3)　同じ震源で, 図の地震よりマグニチュードの大きい地震が発生した。①ゆれAが続く時間, ②ゆれBのふれ幅は, 図の記録と比べてどのようになるか。 思

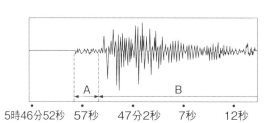

5時46分52秒　57秒　47分2秒　7秒　12秒

④ 地表付近で発生した地震の波（P波とS波）の到達時刻を，3地点A〜Cで観測した。表はその結果である。

20点

	震源からの距離	P波	S波
A	40 km	0時3分25秒	0時3分30秒
B	80 km	0時3分30秒	0時3分40秒
C	160 km	0時3分40秒	0時4分0秒

□(1) [作図] 地震の波の到達時刻と震源からの距離の関係を表すグラフをかき，P・Sの文字をそえなさい。[技]

□(2) この地震の発生時刻はいつか。次の㋐〜㋓から選びなさい。[思]

　㋐　0時3分15秒　　㋑　0時3分20秒

　㋒　0時3分25秒　　㋓　0時3分30秒

□(3) ①地点A，②震源からの距離が120 kmの地点での初期微動継続時間は，それぞれ何秒か。[思]

⑤ 図のA〜Cは，日本付近のプレートの境界（海溝付近）で起こる地震のしくみを模式的に表したものである。ただし，A・B・Cは起こる順序通りにはなっていない。

10点

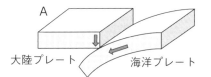

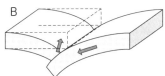

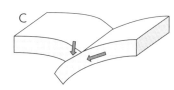

□(1) 日本列島がのっているのは，大陸プレート・海洋プレートのどちらか。

□(2) 地震が起こったときのプレートのようすを表しているのは，図のA〜Cのどれか。

①	(1)	5点	(2)	5点	(3)	5点

②	(1)	A	5点	B	5点
	(2)	5点	(3)	5点	
	(4)		10点		
	(5)	5点			

③	(1)	5点	(2)	5点
	(3) ①	5点	②	5点

④	(1)	図に記入	5点	(2)	5点
	(3) ①	秒	5点	②	秒	5点

⑤	(1)	5点	(2)	5点

① ／15点　**②** ／35点　**③** ／20点　**④** ／20点　**⑤** ／10点

定期テスト
予想問題
8

第3章　地層から読みとる大地の変化

時間30分 ／100点
合格70点
解答 p.40

よく出る **①** 図は，河口から沖合いにかけて海底に積もった土砂のようすを表したものである。　36点

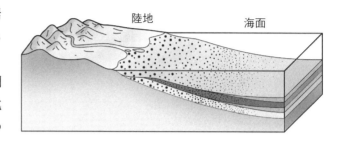

陸地　海面

□(1) 海底に積もった土砂は，地表の岩石が川の流水などによってけずられ，運ばれたものである。

① かたい岩石も，長い年月の間に風化して土砂になる。風化の原因になる主なものを2つあげなさい。

② 岩石をけずったり，岩石の一部をとかしたりする水のはたらきを何というか。漢字2字で書きなさい。

□(2) 記述 川によって運ばれてきた土砂は，河口近くにれき，沖合いに泥，その間に砂が堆積する。このように，土砂の種類によって堆積場所がちがうのはなぜか。「粒の大きさ」と「しずむ速さ」という語を用いて簡潔に書きなさい。 思

□(3) 海底に土砂が堆積してできた地層が，陸上のがけなどで見られることがある。

① 海底で堆積した地層が陸上で見られることからわかる大地の変動は何か。

② いっぱんに，新しく堆積した地層は上下のどちらか。 思

③ 地層の重なりを柱のように表した図を何というか。

④ ③の図を比較するとき，同じ時期に堆積した層を比較する目印になる化石などをふくむ層のことを何というか。

② 堆積した土砂は，長い年月の間に，土砂の間の水分がぬけて粒どうしがくっつき，かたい岩石になる。このようにしてできた岩石を堆積岩という。　24点

□(1) 記述 流水によって運ばれた土砂が堆積してできた，れき岩や砂岩，泥岩をつくる粒にはどのような特徴があるか。簡潔に書きなさい。 思

□(2) 生物の死がいなどが堆積してできた岩石に，石灰岩やチャートがある。

① 石灰岩とチャートを比べるとどのようなちがいがあるか。次の⑦～⊕から選びなさい。

　⑦ 石灰岩は，チャートよりもかたい。

　④ チャートは，石灰岩よりもかたい。

　⑨ 石灰岩には化石が見られることがあるが，チャートには見られない。

　⊕ チャートには化石が見られることがあるが，石灰岩には見られない。

② 石灰岩にうすい塩酸をかけたときに発生する気体は何か。

□(3) 火山灰は，流水によって運ばれずに，堆積岩になる。

① 火山灰が堆積してできた岩石のことを何というか。

② 火山灰は，主に何によって運ばれるか。

成績評価の観点　技…観察・実験の技能　思…科学的な思考・判断・表現

❸ 地層には，図のA〜Dのような化石が見られることがある。 16点

A クサリサンゴ

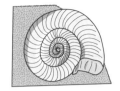
B アンモナイト

C ビカリア

D サンヨウチュウ

□(1) 化石は，地層のつながりを調べる目印となるほかに，①地層が堆積した当時の環境を知る手がかりとなったり，②地層が堆積した年代を推定することができたりする。①・②の目的で使われる化石を，それぞれ何というか。

□(2) Aの化石からわかる堆積当時の環境を簡潔に書きなさい。

□(3) Aと同年代の古生代に堆積した地層であることがわかる化石は，B〜Dのどれか。思

❹ 図は，あるがけに見られた地層のスケッチをもとにしたものである。 24点

□(1) 図に見られる，波打ったような地層の変形A，地層のずれBを，それぞれ何というか。

□(2) 地層の変形A・Bのうち，先に起こったのはどちらか。思

□(3) この地層にはどのような力がはたらいたと考えられるか。次の⑦〜⊆から選びなさい。思

　⑦　左右からおし続けられた。　　④　左右からおされた後，左右に引かれた。

　⑨　左右から引き続けられた。　　⊆　左右に引かれた後，左右からおされた。

❶	(1)	① 8点	② 4点
	(2)	8点	
	(3)	① 4点	② 4点
		③ 4点	④ 4点
❷	(1)	8点	
	(2)	① 4点	② 4点
	(3)	① 4点	② 4点
❸	(1)	① 4点	② 4点
	(2)	4点	(3) 4点
❹	(1)	A 4点	B 4点
	(2)	8点	(3) 8点

❶ /36点　❷ /24点　❸ /16点　❹ /24点

定期テスト予想問題　大地の変化　一　教科書225〜241ページ

教科書ぴったりトレーニング 〈東京書籍版・中学理科1年〉

解答集

この解答集は取り外してお使いください。

p.6〜9 ぴたトレ❶

いろいろな生物とその共通点　の学習前に

第2章　①根　②花粉　③実　④種子　⑤子葉

第3章　①あし　②骨　③鼻　④肺　⑤酸素
　　　　　⑥血液　⑦二酸化炭素　⑧子宮

考え方

第2章②〜④
　アサガオのように，1つの花にめしべとおしべがあるものと，ヘチマのように，めばなにめしべ，おばなにおしべがあるものがある。
　おしべが出した花粉は，昆虫や風などによって運ばれ，めしべの先につく（受粉する）と，めしべのもとの部分が育って，やがて実になる。実の中には種子ができる。
　一方，受粉しないと実はできず，かれてしまう。

第3章①
　チョウのほかに，カブトムシやバッタ，トンボなども昆虫である。昆虫によって，食べ物やすみかなどがちがうが，昆虫の成虫のからだは，頭，胸，腹からできている，などといった同じつくりを観察することができる。

第3章②
　ヒトのからだには骨や筋肉，関節などがあり，それらのはたらきによってからだを支えたり，動かしたりしている。

第3章③〜⑦
　ヒトは肺で呼吸している。肺は，空気中の酸素を血液中にとり入れ，血液中の二酸化炭素をとり出し，体外に出すはたらきをしている。

第3章⑧
　メダカもヒトも，受精した卵（受精卵）が育って，子がうまれるが，メダカとちがって，ヒトの子は母親の体内の子宮で育ってからうまれてくる。

身のまわりの物質　の学習前に

第1章／第2章　①金属　②鉄　③重さ　④窒素
　　　　　　　　　⑤酸素　⑥二酸化炭素

第3章　①水溶液　②ふえる　③ふえる　④蒸発
　　　　　⑤ろ過

第4章　①沸騰　②水蒸気　③氷

考え方

第1章／第2章①〜②
　金属のうち，鉄は磁石につく。紙やゴム，木，プラチック，ガラスは電気を通さず，磁石にもつかない。

第1章／第2章④〜⑤
　酸素には，物を燃やすはたらきがある。窒素や二酸化炭素には，物を燃やすはたらきはない。

第3章①〜③
　水にとける量は，水の量や温度，とかす物の種類によってちがう。

第4章①〜③
　水は気体（水蒸気），液体（水），固体（氷）と姿を変える。

身のまわりの現象　の学習前に

第1章　①まっすぐ　②大きく　③明るく

第3章　①大きく　②大きく　③引き
　　　　　④しりぞけ　⑤長い　⑥短い
　　　　　⑦つり合っている

考え方

第1章①〜③
　光はまっすぐに進む。また，光を集めると，集めた光が当たったところは明るく，あたたかく（熱く）なる。

第3章①〜②
　風やゴムの力で，物を動かすことができる。

理科　1

第3章③〜④

磁石は鉄を引きつける。また，磁石にはN極とS極があり，磁石のちがう極どうしは引き合い，同じ極どうしはしりぞけ合う。磁石の力ははなれていてもはたらく。

第3章⑤〜⑦

棒をてことして使ったとき，棒を支える点を支点，力を加える点を力点，物体に力がはたらく点を作用点という。

大地の変化　の学習前に

第1章　①溶岩

第2章　①地層　②化石　③断層

第3章　①侵食　②運搬　③堆積　④地層
　　　　⑤れき岩　⑥砂岩　⑦泥岩

考え方

第1章①，第2章③

地震や火山によって土地のようすが変化し，災害が生じることがある。

第2章①〜②

地層は流れる水のはたらきや火山の噴火によってできる。地層からは化石が見つかることがある。

第3章①〜③

流れる水の量がふえると，土地をけずるはたらき(侵食)・土などを運ぶはたらき(運搬)・土などを積もらせるはたらき(堆積)は大きくなる。

第3章④〜⑦

れき・砂・泥などが堆積して地層ができる。固まってできた岩石を，それぞれれき岩，砂岩，泥岩という。

いろいろな生物とその共通点

p.10　ぴたトレ1

1　①目　②観察　③顔　④太陽

2　①低倍率　②かけ　③遠ざけ
　④接眼レンズ　⑤鏡筒　⑥粗動ねじ
　⑦微動ねじ　⑧視度調節リング
　⑨対物レンズ　⑩ステージ　⑪レボルバー
　⑫しぼり　⑬接眼レンズ　⑭対物レンズ
　⑮ステージ　⑯反射鏡

考え方

1　③動かせないものを観察するときには，ルーペを目に近づけたまま，顔を前後に動かしてよく見える位置をさがす。

2　③顕微鏡のピントは，プレパラートと対物レンズをいちど近づけてから，接眼レンズをのぞき，プレパラートと対物レンズを遠ざけながらピントを合わせる。

p.11　ぴたトレ2

1　(1)エ　(2)ア

2　(1)双眼実体顕微鏡　(2)イ　(3)A接眼レンズ　B対物レンズ　(4)イ　(5)イ　(6)400倍

考え方

1　(1)ルーペは小さくて軽いので，持ち運びに便利である。双眼実体顕微鏡にも携帯型のものがある。

(2)ルーペを目に近づけて持ち，観察するものを動かして，ルーペに使われている凸レンズの焦点の内側に観察するものを置いて観察すると，大きな像を見ることができる。ルーペを目に近づけて持つのは，凸レンズの直径が小さいためである。

2　(1)，(4)接眼レンズAが2つあり，試料を立体的に観察することができることから，双眼実体顕微鏡とよばれる。

(5)顕微鏡は直射日光が当たらないところで使用する。はじめに対物レンズをいちばん低倍率のものにし，接眼レンズをのぞきながら，反射鏡を調節して全体が均一に明るく見えるようにする。

(6)10×40＝400

ぴたトレ1

1　①環境　②大きさ　③プレパラート
　④ゾウリムシ　⑤アメーバ　⑥ミカヅキモ

2　①分類　②共通　③変わる(異なる)
　④メダカ，サメ
　⑤サクラ，タンポポ

考え方
1 ②生物を観察するときは，生息している環境やその生物の模様，色，大きさ，形，においなどを調べ，その生物の特徴をつかむようにする。
2 ②生物を分類するときは，さまざまな特徴から，共通点をもつ生物を同じグループにまとめる。

ぴたトレ2

1　(1)ⓐ(見つけた)場所　ⓑ大きさ　(2)④
　(3)B　(4)A，C　(5)記号A　名称アメーバ

2　(1)水中，陸上　(2)アリ，ゾウ，シマリス，
　クジラ，イカ
　(3)何を使って移動するか(動く方法)。

考え方
1 (3)Bのミカヅキモ。
　(4)AのアメーバとCのゾウリムシである。ゾウリムシは回ったりねじれたりしながら動く。アメーバはからだの形や大きさを変えて動く。
2 (1)生物を分類するときは，生息・生育環境，動き方，大きさなどの特徴で分類することができる。とり上げる特徴により，同じ生物の組み合わせでも分け方が変わってくる。

ぴたトレ3

1　(1)AはBと比べて日当たりがよく，土がかわいている。
　(2)①A　②B　(3)⑦
　(4)Xカバーガラス　Yスライドガラス
　(5)①ⓓ　②アメーバ

2　(1)④　(2)⑦

3　(1)④
　(2)両目で立体的に観察できる。

4　(1)①
　(2)見える範囲はせまくなり，視野の明るさは暗くなる。

1 (1)「BはAと比べてしめり気が多く，日当たりが悪い。」などでもよい。「何を何と比べる」のかがわかるように書く。
　(2)植物には，シロツメクサやタンポポのように日当たりのよいところを好むものと，ドクダミやゼニゴケのように，日当たりのよくないところを好むものがある。
　(3)対象とするものだけを，細い点や線を使って正確にかき，絵だけで表せないことは言葉で記録する。
　(4)スライドガラスの上に試料をのせ，必要に応じて水を落とし，気泡が入らないようにカバーガラスを静かに下げる。
　(5)ⓐ…アメーバ，ⓑ…ゾウリムシ，ⓒ…ミジンコ，ⓓ…ミカヅキモ

2 (1)ルーペの倍率は5～10倍で，野外観察への持ち運びに適している。
　水中の小さな生物…顕微鏡が適している。
　太陽の表面の観察…天体望遠鏡などを用いる。太陽を直接見てはいけない。
　(2)ルーペは目(顔)に近づけて使用する。

3 (1)図では，2つの接眼レンズの視野がずれているので，2つの視野が重なるように調節して観察する。
　(2)「見え方」を説明するので，「プレパラートが不要である。」は適当ではない。また，プレパラートが不要なのは，ルーペも同じである。

4 (1)実物と視野に見える像は，その向きが上下左右逆になる。
　(2)「視野の明るさ」「視野の広さ」の2つについて説明する。どちらか一方を落とさないように注意する。

植物の分類

ぴたトレ1

1　①がく　②花弁　③おしべ　④めしべ
　⑤やく　⑥花粉　⑦柱頭　⑧花粉　⑨子房
　⑩胚珠　⑪胚珠　⑫子房　⑬がく　⑭花弁
　⑮おしべ　⑯めしべ　⑰やく　⑱柱頭

2　①受粉　②果実　③種子　④種子植物
　⑤胚珠　⑥種子　⑦子房　⑧果実

考え方

1 ①〜④ふつう，花の中心にめしべがあり，めしべを囲むようにおしべ，花弁，がくがとりまいている。
⑪，⑫子房の中には胚珠という小さな粒が入っている。

2 ②，③受粉が起こると，子房の中の胚珠が種子になる。

p.17　ぴたトレ2

1 (1)Aがく　B花弁　Cおしべ　Dめしべ
(2)(中心)D(→)C(→)B(→)A(外側)
(3)①胚珠　②子房

2 (1)A柱頭　B胚珠　C子房
(2)やく　(3)受粉　(4)D種子　E果実
(5)D・B　E・C　(6)種子植物

考え方

1(1)，(2)いっぱんに，花の中心にはめしべDが1本あり，めしべを囲むようにして，おしべC，花弁B，がくAの順についている。
(3)ツツジやエンドウ，アブラナでは，胚珠が子房の中にある花のつくりをしている。

2(2)，(3)おしべのやくの中にあった花粉が柱頭Aにつくことを受粉という。
(4)，(5)受粉後に成長して，胚珠Bは種子D，子房Cは果実Eになる。

p.18　ぴたトレ1

1 ①・②雌花・雄花　③りん片　④胚珠
⑤ない　⑥花粉のう　⑦花粉　⑧胚珠
⑨花粉のう　⑩種子　⑪花粉

2 ①裸子植物　②被子植物　③種子植物
④裸子植物　⑤胚珠　⑥種子
⑦被子植物　⑧子房　⑨胚珠　⑩種子
⑪果実

考え方

1⑤マツの花には子房がなく，胚珠がむき出しになっている。
⑥マツの花粉は花粉のうに入っている。
⑧雌花は高いところにつく。

2③裸子植物も被子植物も，どちらも花をさかせて種子をつくってふえるので種子植物という。

p.19　ぴたトレ2

1 (1)A雌花　B雄花
(2)りん片　(3)ⓐ胚珠　ⓑ花粉のう
(4)①ⓑ　②ⓘ

2 (1)ⓘ　(2)種子植物　(3)ⓐ
(4)①裸子植物　②被子植物

考え方

1(1)雌花が枝の先端についているので，風によって運ばれてきた花粉がつきやすい。
(2)りん片の「りん」は，漢字で「鱗(うろこ)」。
(3)雌花には胚珠がむき出しでついていて，雄花には花粉のうがついている。
(4)マツの花には，花弁や蜜のように，ほかの動物を引き寄せるしくみがないので，その花粉は小さくて軽く，風に飛ばされやすい。

2(1)イチョウの雌花には胚珠があり，雄花には花粉のうがある。
(2)種子でふえる植物を種子植物という。種子植物は，花をさかせる植物だということもできる。
(4)①イチョウ…胚珠がむき出し→裸子植物。
②アブラナ…胚珠が子房の中にある→被子植物。

p.20　ぴたトレ1

1 ①葉脈　②平行　③網目　④1　⑤2
⑥単子葉　⑦双子葉　⑧ひげ根　⑨主根
⑩側根　⑪網目　⑫1　⑬2　⑭ひげ根
⑮・⑯主根・側根

考え方

1①葉の表面にあるすじを葉脈という。葉脈には，水や養分の通り道がある。
④，⑤被子植物は，子葉の数が1枚のグループと2枚のグループに分けることができ，子葉が1枚のグループを単子葉類，子葉が2枚のグループを双子葉類という。葉脈や根のつくりに特徴があるので，植物の例といっしょに覚えよう。
⑧〜⑩単子葉類の根は，たくさんの細いひげ根からなり，双子葉類の根は太い主根とそこからのびる細い側根からなる。

4　理科

1 (1)葉脈　(2)A

(3)①発芽　②C単子葉類　D双子葉類

(4)ⓐ側根　ⓑ主根　ⓒひげ根

(5)E　(6)スズメノカタビラ

考え方

1 (2)ヒマワリの葉脈は，網目状に広がっている。

(3)子葉の数が1枚のグループを単子葉類，子葉の数が2枚のグループを双子葉類という。

(6)ナズナの根は主根と側根からなるので双子葉類，タンポポの葉脈は網目状なので双子葉類，スズメノカタビラの根はひげ根なので単子葉類であると考えられる。

1 (1)エ　(2)ウ

(3)①2枚　②網目状に通っている。

2 (1)右図

(2)被子植物

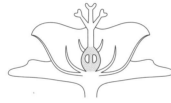

3 (1)Bア　Cウ　Dイ　(2)ED　FC　GB

(3)F種子　H花粉

(4)風で飛ばされやすくする。

4 (1)A子房　B胚珠　C柱頭　Dやく　E花弁　Fがく

(2)ⓐD　ⓑB　(3)イ

考え方

1 (1)受粉した後，胚珠が種子，子房が果実になる。

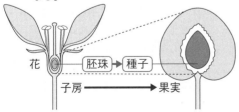

花 → 胚珠 → 種子
子房 ──→ 果実

2 (1)果実になるのは子房である。

(2)果実ができるということは，子房があるということであるから被子植物である。

3 (1)，(2)マツの枝の先端には雌花がつき，もとの部分には雄花がつく。雌花がまつかさ(種子がある)になると枝をのばす。

(4)マツの花粉も種子も，風によって運ばれる。

4 (1)，(2)図1のAは子房，Bは胚珠，Cは柱頭，Dはやく，Eは花弁，Fはがくで，図2のⓐは雄花の花粉のう，ⓑは雌花の胚珠である。被子植物のやくは，裸子植物の花粉のうにあたる。

(3)裸子植物は，花粉が風によって運ばれ，雄花と雌花の区別があり，花弁やがくがない。しかし，これらは裸子植物だけに見られる特徴ではなく，被子植物でも見られることがある。

1 ①シダ植物　②茎　③地下　④葉
⑤地下茎　⑥胞子　⑦胞子のう
⑧葉　⑨茎(地下茎)　⑩根

2 ①コケ植物　②ない　③仮根　④胞子
⑤雌株　⑥胞子のう　⑦雌株　⑧雄株
⑨胞子のう　⑩仮根　⑪雌株　⑫雄株
⑬胞子のう　⑭仮根

考え方

1 ②シダ植物は花をさかせることはないが，からだは，種子植物と同様に葉，茎，根の区別がある。

⑥胞子のうが乾燥するとはじけて，胞子は散布される。胞子がしめった場所に落ちると，発芽して成長する。

⑧イヌワラビの茎のように見える部分は，葉の柄である。

2 ②コケ植物には葉，茎，根の区別はない。葉のように見えるところは葉状体，根のように見えるところを仮根という。

④～⑥シダ植物もコケ植物も，種子をつくらずに胞子でふえる。ゼニゴケやコスギゴケなどの胞子は，雌株にある胞子のうにできる。

1 (1)茎(地下茎)　(2)B胞子のう　C胞子

(3)イ

2 (1)A　(2)ア　(3)仮根　(4)ウ

❶(1)イヌワラビの地上部分の茎のように見えるものは葉の柄(葉柄)である。

(3)イヌワラビには葉，茎，根の区別がある。また，種子をつくらないので，花はさかない。

❷(1)，(2)ゼニゴケには，胞子のうがある雌株と，胞子のうがない雄株がある。葉状体から上へつき出したものの先端に広がった部分を比べると，雌株のほうが雄株よりも切れこみが深い。

(3)仮根はコケのからだを地面に固定するはたらきをしている。

---

p.26 ぴたトレ1

1 ①種子 ②子房 ③被子植物
④裸子植物 ⑤単子葉類 ⑥双子葉類
⑦シダ ⑧コケ ⑨種子植物
⑩被子植物 ⑪裸子植物
⑫単子葉類 ⑬双子葉類 ⑭コケ ⑮シダ

1 ②〜⑥種子植物は，子房の有無によって被子植物と裸子植物に分けられる。

⑦，⑧種子をつくらない植物は，葉，茎，根の区別があるシダ植物と，葉，茎，根の区別がないコケ植物に分けられる。

---

p.27 ぴたトレ2

❶(1)特徴Ⅰ (2)①胞子 ②種子
(3)Aコケ植物 Bシダ植物
(4)①B ②C
(5)①P単子葉類 Q双子葉類
②ⓑ，ⓒ ③裸子植物 (6)種子植物

❶(1)まず，特徴Ⅲが何かを考え，次に特徴Ⅱ，特徴Ⅰという順に考えていくとよい。
特徴Ⅰ…葉，茎，根の区別がある。
特徴Ⅱ…子房があり，果実ができる。
特徴Ⅲ…子葉が2枚である。

(2)，(3)コケ植物Aとシダ植物Bは胞子，種子植物C・D・Eは，種子をつくってふえる。

---

p.28〜29 ぴたトレ3

❶(1)イ (2)ウ (3)茎(地下茎)
(4)①仮根 ②からだを土や岩などに固定するはたらき。
(5)雌株 (6)胞子

❷(1)種子植物 (2)A，C，E (3)A，C
(4)葉脈は網目状になっている。

❸(1)X胚珠 Y葉，茎，根の区別
(2)①，②下図

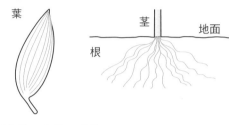

(3)Aイ Bエ Cウ

❶(2)イヌワラビは，地上部分が1枚の葉である。

(3)イヌワラビは地下茎をのばす。

(4)コスギゴケの根のような部分は仮根である。

(5)胞子のうがあるものが雌株である。

(6)シダ植物やコケ植物は胞子をつくる。

❷(1)花は，種子をつくるためのつくりである。

(2)果実は子房が成長したものである→被子植物。

(3)主根と側根の区別がある被子植物→双子葉類。

(4)双子葉類の葉脈は網目状であることを書けばよい。

❸(1)X…被子植物と裸子植物は，子房の有無で区別される。
Y…シダ植物とコケ植物は，葉，茎，根の区別の有無で分けられる。

(2)平行な葉脈とひげ根をかき加える。

(3)⑦はシダ植物，④は裸子植物，⑨は双子葉類，①は単子葉類。

動物の分類

ぴたトレ1

1 ①セキツイ動物　②無セキツイ動物
③卵生　④胎生　⑤・⑥両生類・ホニュウ類
⑦魚　⑧両生　⑨ハチュウ　⑩鳥
⑪ホニュウ　⑫陸上　⑬あし　⑭えら
⑮ない　⑯ある　⑰胎生　⑱うろこ　⑲毛

考え方

1 ①，②動物は，背骨をもっているかどうか
によってセキツイ動物と無セキツイ動物
の2つのグループに分けられる。セキツ
イ動物は，生活場所，呼吸のしかた，移
動のしかた，子のうまれ方，体表の特徴
などの共通点をまとめて，5つのグルー
プに分けられる。
⑭魚類と両生類の幼生はえらで呼吸する。
⑮ハチュウ類と鳥類は，陸上に殻のある卵
をうむ。
⑱ハチュウ類の体表は乾燥に強いうろこで
おおわれている。

ぴたトレ2

1 (1)セキツイ動物
(2)A両生類　B鳥類　Cホニュウ類
D魚類　Eハチュウ類
(3)①卵生　②胎生
(4)C
(5)①A
②変態の前…幼生　変態の後…成体
③変態の前…エ　変態の後…ウ
(6)B，C，E　(7)C

考え方

1 (1)背骨のある動物をセキツイ動物，背骨の
ない動物を無セキツイ動物という。
(2)セキツイ動物には，魚類，両生類，ハチュ
ウ類，鳥類，ホニュウ類の5つのグルー
プがある。
(3)親が卵をうみ，卵から子がかえるような
子のうまれ方を卵生といい，母親の体内
である程度育ってからうまれる子のうま
れ方を胎生という。セキツイ動物の子の
うまれ方には，卵生と胎生の2種類がある。
(4)ホニュウ類は胎生である。魚類，両生類，
ハチュウ類，鳥類は卵生である。

(5)両生類は，卵からかえった子が子をつく
れるようになる前後で，からだの形や生
活のしかたが大きく変化する。このよう
な変化を変態という。
②変態の前を幼生，変態の後を成体とい
う。おたまじゃくしは幼生で，成長し
たカエルは成体である。
③おたまじゃくし(幼生)は水中で生活し，
えらと皮膚で呼吸する。しかし，カエ
ル(成体)になると，陸上(水辺)で生活し，
肺と皮膚で呼吸する。
カエルなどの両生類の皮膚は粘液にお
おわれていてしめっている。
(6)一生を通して肺で呼吸する動物は，ハ
チュウ類，鳥類，ホニュウ類である。
(7)ホニュウ類のからだはふつう，やわらか
い毛でおおわれている。また，魚類のか
らだはうろこでおおわれ，両生類のから
だはしめっていてうろこはない。ハチュ
ウ類のからだは，かたいうろこでおおわ
れており，水を通さないつくりになって
いる。鳥類のからだは羽毛でおおわれて
いる。

ぴたトレ1

1 ①節足動物　②外骨格　③内側
④甲殻類　⑤昆虫類　⑥えら
⑦軟体動物　⑧外とう膜　⑨水中
⑩貝殻　⑪外骨格　⑫気門
⑬えら　⑭外とう膜
2 ①節足動物　②軟体動物　③昆虫類
④甲殻類

考え方

1 ①無セキツイ動物のなかまで，からだとあ
しに節がある動物を節足動物という。カ
ニ，エビ，カブトムシなどのなかまで，
からだは2つ，または3つの部分からな
る。
②節足動物のかたい殻は，からだを支えた
り保護したりするはたらきをする。
③筋肉は外骨格の内側についている。
④，⑤カニやエビなどを甲殻類，バッタや
カブトムシなどを昆虫類という。その他
にクモやムカデなども節足動物。

⑦イカ，タコ，アサリなどを軟体動物といい，からだやあしに節はない。

⑧軟体動物は，外とう膜という筋肉でできた膜が内臓を包んでいる。

2 ①，②動物は背骨の有無によってセキツイ動物と無セキツイ動物に分かれる。無セキツイ動物は，節足動物，昆虫類，その他に分類される。

③，④節足動物は，昆虫類，甲殻類，その他に分類される。

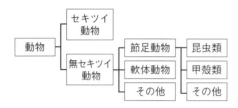

p.33 ぴたトレ2

1 (1)外骨格　(2)節足動物

(3)①甲殻類　②昆虫類

(4)ウ　(5)イ，オ

2 (1)背骨(セキツイ骨)

(2)軟体動物　(3)ウ，オ

1 (1)ザリガニやバッタ，クモなどのからだの外側をおおうかたい殻を外骨格という。なお，セキツイ動物ではからだの内部に背骨を中心とした骨格があり，これを内骨格という。

(2)，(3)外骨格をもち，からだとあしに節がある動物を節足動物という。節足動物には，ザリガニやエビ，カニなどの甲殻類や，トノサマバッタやカブトムシ，アゲハチョウなどの昆虫類などがある。また，クモやムカデなども節足動物にふくまれる。

(4)トノサマバッタは，胸部や腹部にある気門から空気をとりこんで呼吸している。昆虫類は，生活する場所はさまざまだが，気門で空気をとりこんで呼吸するという点は共通している。

(5)ザリガニとミジンコは甲殻類のなかま。甲殻類にも昆虫類にもふくまれない節足動物には，クモやムカデ，ヤスデなどがいる。

2 (1)背骨のある動物をセキツイ動物，背骨のない動物を無セキツイ動物という。

(2)無セキツイ動物は，節足動物，軟体動物，その他のセキツイ動物に分けられる。外とう膜は軟体動物がもつ。

(3)メダカはセキツイ動物の魚類，イソギンチャクは節足動物・軟体動物以外のその他のグループに分けられる。

p.34〜35 ぴたトレ3

1 (1)ⓐ肺　ⓑ皮膚

(2)水中生活をする魚類や両生類(幼生)の卵には殻はないが，陸上生活をするハチュウ類や鳥類の卵には殻がある。

(3)イ，ウ，カ

2 (1)無セキツイ動物

(2)ⓐ筋肉　ⓑ外とう膜　ⓒ軟体動物

(3)①外骨格

②からだを支えたり保護したりするはたらき。

③ア

3 (1)ⓐウ　ⓑイ

(2)B　ホニュウ類

(3)ア　(4)ザリガニ，チョウ

1 (1)Aは魚類，Bは両生類，Cはハチュウ類，Dは鳥類，Eはホニュウ類である。両生類は，幼生のときはえらと皮膚，成体になると肺としめった皮膚で呼吸する。

(2)魚類と両生類は，殻のない卵を水中にうむ。ハチュウ類と鳥類は，殻のある卵を陸上にうむ。殻がある卵は陸上の乾燥にたえられる。

(3)タツノオトシゴは，セキツイ動物の魚類に分類される。

2 (2)イカのように，からだとあしに節のない動物を軟体動物という。筋肉からなるやわらかい外とう膜によって内臓が包まれている。アサリなどの二枚貝や巻貝も軟体動物のなかまである。

(3)カニのからだは外骨格というかたい殻で
おおわれており，からだとあしに節があ
る。
　③カブトムシは節足動物の昆虫類で，外
骨格をもつ。マダコ，マイマイは軟体
動物のなかま。ウミガメはセキツイ動
物のハチュウ類。
❸(1)A〜Fのグループは，Aはセキツイ動物
の鳥類，Bは同ホニュウ類，Cは同ハチュ
ウ類，Dは同両生類，Eは同魚類，Fは
無セキツイ動物である。
　ⓐはセキツイ動物と無セキツイ動物に分
けているので，ⓐは背骨があるか，ない
か。ⓑは鳥類・ホニュウ類とハチュウ類・
両生類・魚類を分けているので，からだ
が毛や羽毛でおおわれているか，毛や羽
毛以外でおおわれているかで分けている。
(2)3つの特徴が全てあてはまるのは，セキ
ツイ動物のホニュウ類である。
(3)サンショウウオはセキツイ動物の両生類
のなかまである。イモリは両生類，ワシ
は鳥類，ネズミはホニュウ類，サケは魚
類。オオカマキリは無セキツイ動物，節
足動物の昆虫類である。
(4)ザリガニは節足動物の甲殻類，タコは軟
体動物，チョウは節足動物の昆虫類であ
る。

身のまわりの物質

p.36　　　　　　　ぴたトレ1

1　①物体　②物質　③におい　④電気
　　⑤質量　⑥水　⑦熱(加熱)　⑧薬品
2　①金属　②非金属　③金属光沢
　　④電気　⑤延性　⑥展性　⑦熱

考え方

1 ①，②物を，形などの外観に注目して区別
するときは物体，材料に注目して区別す
るときは物質という。
　③むやみに何でも手でさわったり，顔を近
づけてにおいをかいだりしてはいけない。
また，調べる物が何かわからない場合，
味を調べるのも注意が必要である。
　⑦熱する場合は，やけどに注意する。
　⑧薬品には，皮膚や衣類をいためてしまう
ものもあるので，取り扱いに注意する。
2 ①，②物質は，「金属」と金属以外の「非金属」
の大きく2つに分けることができる。
　③〜⑦　金属に共通した性質

> ・みがくと光る(金属光沢)
> ・電気をよく通す(電気伝導性)
> ・熱をよく伝える(熱伝導性)
> ・引っ張ると細くのびる(延性)
> ・たたくとのびてうすく広がる
> 　(展性)

p.37　　　　　　　ぴたトレ2

1　(1)物体　(2)物質　(3)B
　　(4)保護眼鏡　(5)エ
2　(1)金属光沢　(2)延性　(3)展性
　　(4)C，E　(5)E　(6)C，E
　　(7)非金属

考え方

1 (1)，(2)「物体」は直接目に見えること(特徴)
に注目した物，「物質」は直接目に見えな
いこと(性質)に注目した物，ということ
もできる。
(3)ごみは，その性質(物質)に注目して分別
される。これは，再利用(リサイクル)し
やすくするためである。
(4)，(5)観察・実験は，安全に注意して行う。

② (1)金属には金属光沢がある。色は，白っぽいものや灰色っぽいものが多いが，銅や金のように赤っぽいものや，黄色っぽいものもある。

(2)，(3)延性の延は，延長の延であり，展性の展は展開の展である。

(4)金属は電気を通す（電気伝導性）。非金属には電気を通すものがあまりないが，スポーツ用品などに使われている炭素繊維や，鉛筆のしんなどには電気伝導性がある。また，水にも電気伝導性があるように思うかもしれないが，純粋な水には電気伝導性がない。

(5)鉄以外に磁石に引きつけられる金属には，ニッケルとコバルトがある。

p.38 **ぴたトレ1**

1 ①質量　②密度　③g／cm³　④g／cm³
　⑤質量　⑥体積　⑦小さい

2 ①水平　②薬包紙　③水平　④調節ねじ
　⑤等しく　⑥水平　⑦液面　⑧平らな
　⑨$\frac{1}{10}$　⑩電子てんびん　⑪上皿てんびん
　⑫メスシリンダー　⑬薬包紙　⑭針
　⑮調節ねじ

考え方

1 ①上皿てんびんや電子てんびんではかることのできる量を質量といい，物質そのものの量を表し，「重さ」ということばとは区別して使う。

②物質1cm³あたりの質量を密度といい，密度の値は物質の種類によって決まっていて，物質を区別する方法の1つである。

2 ①一定の質量の薬品をはかりとるときは，薬品を入れる容器や薬包紙などをのせてから表示を0.0gや0.00gにしないと，薬品の質量を正しくはかれない。

⑤上皿てんびんの針が左右に等しくふれていれば，左右の皿がつり合っていることがわかる。

⑦～⑨液面のいちばん平らで，低くなっているところを1目盛りの$\frac{1}{10}$まで目分量で読みとる。

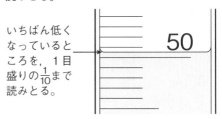

いちばん低くなっているところを，1目盛りの$\frac{1}{10}$まで読みとる。

p.39 **ぴたトレ2**

1 (1)78.9g　(2)92.0g　(3)7870kg
　(4)0.370cm³　(5)銅

2 (1)質量　(2)調節ねじ　(3)⑦
　(4)48.6g　(5)メスシリンダー
　(6)⑦　(7)①18.0cm³　②2.70g／cm³

考え方

1 (1)0.789g／cm³×100cm³＝78.9g

(2)1Lは1000cm³，1mL＝1cm³である。
　0.00184g／cm³×(50.0×1000)cm³
　＝92.0g

(3)1m＝100cmであるから，
　1m³＝100cm×100cm×100cm
　＝1000000cm³
　7.87g／cm³×1000000cm³
　＝7870000g
　＝7870kg

(4)1.00g÷2.70g／cm³＝0.3703…cm³

(5)448g÷50.0cm³＝8.96g／cm³

2 (1)上皿てんびんや電子てんびんは，質量をはかる器具である。

(2)調節ねじは，てこの原理を応用して，てんびんのつり合いを調節する。

(3)分銅をのせたりおろしたりする回数が，できるだけ少なくなるような分銅ののせ方をする。また，分銅や薬品を微調整する方の皿がきき手側になるようにする。

(4)1g＝1000mgである。
　20g×2＋5g＋2g＋1g＋0.5g＋0.1g
　＝48.6g

(6)目の位置は液面と同じ高さにする。

(7)①1目盛りは1mL（1cm³）であるから，目盛りを0.1cm³まで目分量で読みとる。
　58.0cm³－40.0cm³＝18.0cm³
　②48.6g÷18.0cm³＝2.70g／cm³

1 ①閉まっているか ②元栓
③コック ④ガス ⑤ガス ⑥ガス
⑦空気 ⑧ガス ⑨空気 ⑩ガス
⑪元栓 ⑫先 ⑬不足 ⑭適正
⑮多過ぎる ⑯空気 ⑰ガス ⑱開く
⑲閉まる ⑳空気 ㉑ガス

考え方

1 ①火をつける前に、ガス調節ねじ、空気調節ねじの両方が閉まっているかを確かめる。
④点火するときは、ガス調節ねじだけを少しずつ開いてガスに火をつける。
⑤〜⑦、⑬〜⑮炎を調節するときは、ガス調節ねじを開いて、炎を適当な大きさにしてから空気調節ねじで空気の量を調節する。
⑧〜⑫火を消すときは、火をつけるときとは逆の流れになる。
・空気調節ねじを閉める。
・ガス調節ねじを閉めてガスを止める。
・コックを閉じる(コックがある場合は元栓より先に閉じる)。
・元栓を閉じる。
⑯〜⑲空気調節ねじ、ガス調節ねじは、左にまわすと開き、右にまわすと閉まる。

1 (1)B
(2)⑦(→)⑦(→)⑦(→)⑦(→)⑦
(3)⑦ (4)⑦

考え方

1 (1)ガスバーナーでは、上側のねじが空気調節ねじ、下側のねじがガス調節ねじである。

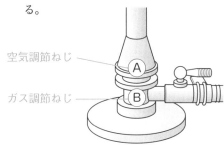

空気調節ねじ
ガス調節ねじ

(2)火をつけるときは、
1. ねじA・Bを一度ゆるめ、動くことを確かめてから、軽く閉める。
2. ガスの元栓を開き、コックも開く。

3. マッチに火をつけてから、ねじBをゆるめて点火する(火は下から近づける)。
4. ねじBを調節して、炎の大きさを適切にする。
5. ねじBをおさえて、ねじAをゆるめ、青い炎にする。

(3)赤い炎は、空気(酸素)が不足しているので、空気調節ねじを少しゆるめる。空気が不足すると炎が赤くなるのは、二酸化炭素になれなかった小さな炭素の粒が熱されて赤くなって見えるためである。

1 ①結果 ②手ざわり
③水 ④弱(い)
2 ①炭 ②水 ③有機物 ④無機物
⑤炭素 ⑥いわない ⑦燃え
⑧二酸化炭素

考え方

1 ①見ただけでは見分けにくい物質を見分けるには、それぞれの物質の性質を調べ、その結果から考察する。
2 ③〜⑥炭素をふくむ物質を有機物というが、炭素や二酸化炭素は炭素をふくむが、有機物とはいわない。

1 (1)Aデンプン B食塩 C白砂糖
(2)炭素
2 (1)①D ②A
(2)①炭素 ②二酸化炭素 ③水滴

考え方

1 (1)加熱したときに黒くこげたことから、粉末A、Cは有機物であることがわかる。したがって、粉末Bは食塩である。デンプンと白砂糖をくらべると、デンプンは水に入れてもとけずに白くにごるが、白砂糖はとける。
2 (1)①全く燃えない物質は食塩(塩化ナトリウム)である。
②スチールウールは燃えるが、ほとんどが鉄からできていて炭素をふくまず、二酸化炭素が発生しない。また、燃えるときに気体を出さないので、炎も上がらない。

(2)①，②有機物は炭素を多くふくむので，
燃えると二酸化炭素を発生し，燃え残
りの炭には炭素が多くふくまれる。

③有機物が燃えると，水もできることが
多い。これは，有機物の多くが，炭素
のほかに水素もふくんでいるためであ
る。

p.44〜45 ぴたトレ**3**

① (1)燃焼さじ　(2)炭素
(3)気体Yを石灰水に通す。
(4)A　(5)デンプン
② (1)2.70(g/cm³)　(2)① B　② E
(3)B
(4)密度（Bの密度）が水の密度よりも小さいか
ら。
③ (1)A 空気（の量）　B ガス（の量）
(2)A ⑦　B ⑦
(3)有機物
④ (1)① ⑦　(2)29.0(g)　(3)薬包紙
⑤ (1)① 有機物　② 無機物
(2)(鉄やアルミニウムなどの金属は)熱を伝え
やすいから。

考
え
方

① (2)有機物が燃えるときには，熱によって有
機物が分解され，炭素やそのほかの物質
になり，炭素の一部が燃えずに残ること
がある。
(3)有機物を熱すると二酸化炭素と水ができ
る。二酸化炭素は石灰水に通すと石灰水
が白くにごる。
「使う薬品（石灰水）」が正しく書けている
ことが必要である。石灰水の変化につい
ても書けていればさらによい。
(4)Aは加熱しても燃えないので，無機物の
食塩であることがわかる。
(5)デンプンは水に入れてもとけにくく，白
くにごる。砂糖は水によくとける。
② (1)67.5 g ÷25.0 cm³ = 2.70 g/cm³
(2)①は密度が最小のもの，②は密度が最大
のものを選ぶ。
(4)「密度が水の密度である 1.00 g/cm³ より
も小さいから。」のように，具体的な数値
をあげて説明してもよい。

③ (1)，(2)炎がオレンジ色のときは空気（酸素）
が不足しているので，ガス調節ねじBを
おさえて空気調節ねじAだけを少しずつ
開く（ⓐの向きに回す）。

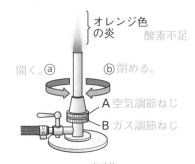

オレンジ色
の炎
酸素不足
開く。ⓐ　　ⓑ 閉める。
A 空気調節ねじ
B ガス調節ねじ

(3)スライドガラスが一瞬くもったのは，ガ
スが燃えて発生した水蒸気が冷やされて
小さな水滴になり，それが加熱されて再
び水蒸気になったためである。また，す
すは，炭と同じように主に炭素からでき
ている。これらのことから，ガスは有機
物であることがわかる。
④ (1)上皿てんびんを使い終わったら，てんび
んのうでがががたついて支点をいためない
ように，2枚の皿を一方に重ねておく。
(2)50.0 g +20.0 g +10.0 g +5.0 g +2.0 g
= 87.0 g
87.0 g −58.0 g = 29.0 g
てんびんの分銅は，0.1 g の位まで正確
に測定できるようにつくられているの
で，50 g，20 g，10 g，5 g，2 g の分
銅の質量は，50.0 g，20.0 g，10.0 g，
5.0 g，2.0 g としてあつかう。
(3)粉末をはかりとる前に，上皿てんびんの
場合は，両方の皿に薬包紙をのせてつり
合わせておく。また，電子てんびんの場
合は，皿に薬包紙をのせて表示の数値を
0.0 g や 0.00 g にする。
⑤ (1)肉は主にタンパク質や脂肪などの有機物，
骨は主にカルシウムなどの無機物からで
きている。
(2)熱が食品に伝わりやすいことが説明され
ていればよい。

1 ①二酸化炭素　②石灰水　③酸
④二酸化マンガン　⑤酸素　⑥ゴム栓
⑦ゴム管　⑧ガラス管　⑨ふた
⑩集気びん　⑪水槽

2 ①金属　②水素　③小さい　④水
⑤窒素　⑥小さく　⑦しにくい　⑧塩酸
⑨亜鉛　⑩水　⑪窒素　⑫酸素
（⑧⑨水素は，ほかに鉄や硫酸などを使っても発生させることができる。）

考え方

1 ①石灰石や貝がらなどにうすい塩酸を加えると，二酸化炭素が発生する。
③二酸化炭素は水に少ししかとけないが，水にとけると酸性を示す。

2 ③水素は物質のなかでいちばん密度が小さい物質で 0.00008 g/cm³(20 ℃)である。
⑦窒素は無色・無臭で，ふつうの温度では反応しにくいため，スナック菓子のふくろなどにつめて食品が変質するのを防いでいる。

1 (1)二酸化炭素　(2)エ　(3)ア, ウ
(4)オキシドール(過酸化水素水)
(5)ウ

2 (1)水素　(2)ア　(3)イ

考え方

1 (1)石灰石など炭酸カルシウムをふくむ物質は，塩酸との反応で二酸化炭素を発生する。
(2)石灰水に二酸化炭素を入れると，炭酸カルシウムという物質が底にしずむ。
(3)二酸化炭素の水溶液(炭酸水)は酸性を示す。
(4)オキシドールはうすい過酸化水素の水溶液(過酸化水素水)である。過酸化水素は，二酸化マンガンのはたらきで，水と酸素に分かれるが，二酸化マンガンは変化しない。
(5)小学校でも学習したように，酸素には物質を燃やすはたらき(助燃性という)がある。

2 (1)亜鉛や鉄，マグネシウムやアルミニウムなどの金属に，うすい塩酸やうすい硫酸を加えると，水素が発生する。
(2)図1の集め方は水上置換法である。

1 ①アンモニア　②下げる　③刺激臭
④アルカリ　⑤小さい　⑥アルカリ
⑦フェノールフタレイン

2 ①水上置換法　②上方置換法
③下方置換法
④・⑤下方置換法・水上置換法
⑥とけにくい　⑦とけやすい　⑧大きい
⑨小さい　⑩水上置換　⑪下方置換
⑫上方置換

考え方

1 ②塩化アンモニウムと水酸化カルシウムを混ぜ合わせて加熱すると，アンモニアの他に水も発生するため，加熱する試験管の口を底よりも少し下げて，水が加熱部分に流れないようにする。
⑥フェノールフタレイン溶液は，アルカリ性で赤色を示し，酸性・中性では無色である。

2 ①水上置換法では，はじめに水を満たしておいた試験管や集気びんに集めたい気体を導き，水と置きかえて気体を集める。
②，③空気より軽い気体は上方置換法で集め，空気より重い気体は下方置換法で集める。

集め方	気体
水上置換法	二酸化炭素，酸素，水素，窒素　など
上方置換法	アンモニア　など
下方置換法	二酸化炭素　など

1 (1)ウ, オ　(2)ア
(3)イ, ウ, オ　(4)ウ

2 (1)A上方置換法　B下方置換法
C水上置換法
(2)①C　②B　③A
(3)①C　②C　③A

考え方

① (1)アンモニアと塩化カルシウム，水ができる。

(2)酸性…青色リトマス紙を赤色にする。

アルカリ性…赤色リトマス紙を青色にする。

中性…リトマス紙の色を変えない。

② (1)，(2)水上置換法…水にとけにくい気体。

下方置換法…水にとけやすく，空気より密度が大きい気体。

上方置換法…水にとけやすく，空気より密度が小さい気体。

水上置換法は，集められた気体の量がわかりやすく，ほかの気体が混ざりにくいという特徴があるので，最もよく用いられる。

---

p.50〜51 ぴたトレ3

① (1)右図

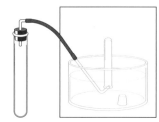

(2)はじめに出てくる気体は，ほとんど空気だから。

(3)手であおぐようにしてかぐ。

(4)⑦，⑤

② (1)A窒素　B酸素　(2)⑦

(3)⑦　(4)⑦，⑤　(5)④

③ (1)⑦　(2)アルカリ性　(3)④

(4)水に非常にとけやすい性質。

考え方

① (2)最初に試験管内にあった空気が出てくる。「空気」「試験管にあった空気」などの語を使って，出てくる気体が目的の気体ではないことを説明する。

(3)気体は手であおぐようにしてかぐ。「保護眼鏡をつける。」というのも，全くの誤りではないが，「においをかぐとき」に限定した安全対策とはいえない。

(4)水上置換法では，水にとけやすい気体を集めることはできない。

② (1)空気にもっとも多くふくまれている気体Aは窒素，次に多い気体Bは酸素である。

---

(2)スナック菓子を変質させないためである。

(5)アルゴン約0.9 %，二酸化炭素約0.04 %である。

③ (2)，(3)フェノールフタレイン溶液は，酸性と中性では無色で，アルカリ性では赤色になる。

(4)例えば「気体のアンモニアがなくなったから。」「フラスコの中の圧力が小さくなったから。」も，それ自体は誤りではないが，「アンモニアの性質」を説明することを求めているので，適切ではない。

---

p.52 ぴたトレ1

1 ①透明　②同じ　③変わらない

④溶質　⑤溶媒　⑥溶液　⑦水溶液

⑧純物質　⑨混合物　⑩小さい

2 ①濃度　②溶質　③質量パーセント濃度

④溶質　⑤溶液　⑥溶質　⑦溶媒

考え方

1 ①〜③物質が水にとけるとは，

・液が透明になる(色がついていることもある)。

・液のこさはどの部分も同じである。

・時間がたっても液のこさは変わらない。(液の下の方がこくなることもない。)

⑩ろ紙のあなより大きい物質はろ紙上に残り，ろ紙のあなより小さい物質はろ紙のあなを通りぬけるので，ろ過により物質を分けることができる。

2 ⑤，⑦溶液の質量＝溶質の質量＋溶媒の質量　となることに注意しよう。

---

p.53 ぴたトレ2

① (1)溶液　(2)水溶液　(3)溶質

(4)溶媒　(5)⑤

② (1)125 g　(2)20 %

(3)①2 g　②16.8 %

③水(を)62.5(g加える。)

(4)①60 g　②340 g

---

14 ［理科］

1 (1)物質が「溶」けた「液」体。
(2)水が溶媒の溶液を水溶液というように，エタノールが溶媒の溶液のことをエタノール溶液という。
(3)「溶」けている物「質」。
(4)「媒」は仲立ちとなるものという意味。
(5)溶液中では，溶質の粒子は均一に広がる。

2 (1)100 g + 25 g = 125 g

(2)$\dfrac{25\,g}{125\,g} \times 100 = 20$

(3)① $10\,g \times \dfrac{20}{100} = 2\,g$

② $\dfrac{12.5\,g - 2\,g}{62.5\,g} \times 100 = 16.8$

③20 %を10 %にする
→溶質はそのままで，溶液全体を2倍にする。

(4)先に溶質(砂糖)の質量を求める。

$400\,g \times \dfrac{15}{100} = 60\,g$

水の質量は，400 g − 60 g = 340 g

---

p.54 ぴたトレ1

1 ①飽和 ②飽和 ③溶解度 ④溶解度曲線
⑤塩化ナトリウム ⑥変わらない

2 ①結晶 ②形 ③溶解度 ④再結晶
⑤純粋 ⑥蒸発

1 ③ある物質を100 gの水にとかして，それ以上とけることができない状態の水溶液にしたときのとけた物質の質量を溶解度という。

2 ⑤再結晶によって，純粋な物質を得ることができる。

---

p.55 ぴたトレ2

1 (1)飽和水溶液 (2)溶解度曲線
(3)①塩化ナトリウム ②硝酸カリウム
(4)硝酸カリウム

2 (1)106 g (2)ろ過する。
(3)①結晶 ②ウ (4)再結晶 (5)純粋

1 (1)物質がそれ以上とけることができない状態を飽和状態という。

---

(3)それぞれ，グラフから読みとる。

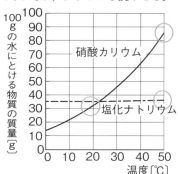

硝酸カリウムの溶解度
…31.6 g(20 ℃)，85.5 g(50 ℃)
塩化ナトリウムの溶解度
…37.8 g(20 ℃)，38.6 g(50 ℃)

(4)塩化ナトリウムの溶解度は，温度によってほとんど変わらない。

2 (1)150 g − (22×2) g = 106 g
(3)①結晶は，物質をつくる粒子が規則正しく並んでできる。
②ミョウバンの結晶は正八面体，塩化ナトリウムの結晶は正六面体(立方体)，硝酸カリウムの結晶は針のような形をしている。

---

p.56〜57 ぴたトレ3

1 (1)右図
(2)(砂糖がとける前後で，)砂糖の粒子の数は変わらないから。
(3)ウ (4)17(%)
(5)50(g)

2 (1)右図 (2)ア
(3)砂の粒子はろ紙のあなより大きく，食塩水の食塩や水の粒子は，それよりも小さいから。

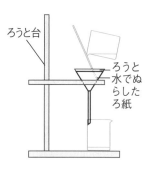

ろうと台
ろうと
水でぬらしたろ紙

3 (1)C (2)ア
(3)水の温度の変化による溶解度の変化が小さいから。

考え方

❶(1)砂糖の粒子の数（16）を変えずに，水の中に均一に散らばっているようにかく。

(2)厳密には，「砂糖の粒子そのものが変化しない。」ことを述べる必要があるが，この問題では，「粒子の数が変わらない。」ことが書かれていればよい。状態変化は，物質をつくる粒の集まり方が変化するだけで，粒そのものは変化しないので，全体の質量は変わらない。

(4) $\dfrac{20\,\mathrm{g}}{100\,\mathrm{g}+20\,\mathrm{g}}\times100=16.6\cdots$

(5)水を蒸発させただけであるから，砂糖の質量は，20 g のままで変わらない。求める砂糖水の質量を x〔g〕とすると，

$\dfrac{20\,\mathrm{g}}{x\,〔\mathrm{g}〕}\times100=40$　　$20\,\mathrm{g}\div0.4=50\,\mathrm{g}$

❷(1)ガラス棒のろ紙への当て方と，ろうとのあしのビーカーのかべへのつけ方に注意。

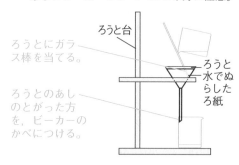

ろうとにガラス棒を当てる。

ろうと台

ろうと

水でぬらしたろ紙

ろうとのあしのとがった方を，ビーカーのかべにつける。

(3)「ろ紙のあなの大きさ」と「それぞれの粒子の大きさ」を比べて説明する。

固体は物質の粒子が大きなかたまりになっていて，液体はその粒子がばらばらになっている。ろ過は，ろ紙のあなをふるいとして，固体と液体を大きさで分けている。

ろうと

ろ紙

❸(1)実験の③と④から，ミョウバンの溶解度は40℃では50 gより小さく，60℃では50 gより大きいことがわかる。

(2)20℃で砂糖はさらに水にとける。

---

p.58　ぴたトレ1

1 ①状態変化　②固体　③液体　④気体
⑤減る　⑥ふえる　⑦質量

2 ①集まり　②体積　③体積　④数　⑤質量
⑥固体　⑦液体　⑧気体

考え方

1 ⑦物質が状態変化するとき，体積は変化するが，質量は変化しない。

2 ⑥～⑧状態変化を粒子のモデルで表すと，粒子の数は固体・液体・気体のどの状態でも同じだが，粒子の集まり方は変化するので体積が変化する。

p.59　ぴたトレ2

1 (1)⑦　(2)気体　(3)しぼむ。
(4)①状態変化　②変わらない。

2 (1)⑦　(2)変わらない。　(3)⑤　(4)⑦

考え方

1 (2), (3)液体が気体になると，粒子の間隔が大きくなりばらばらになって運動しているので体積が大きくなるが，気体が液体になるともとにもどる。
(4)②状態変化をしても，物質を構成する粒子は変わらない。

2 (1), (2)液体が固体になると，粒子の間隔が小さくなるので体積が小さくなる。
(3)物質が状態変化すると，粒子の間隔は変化するが，粒子の数そのものは変化しない。

p.60　ぴたトレ1

1 ①沸騰　②一定　③沸点　④融点
⑤質量　⑥種類　⑦温度　⑧沸点　⑨融点

2 ①沸騰石　②枝　③蒸気(気体)　④先
⑤混合物　⑥割合　⑦沸騰　⑧蒸留
⑨沸点　⑩枝つきフラスコ　⑪沸騰石

考え方

1 ③, ④, ⑥純粋な物質の沸点・融点は，物質の種類によって決まっているので，物質を区別するときの手がかりになる。
⑦純粋な物質が，固体から液体，液体から気体に状態変化しているときは，加熱を続けても温度は変化しない。

2 ④ガラス管の先がたまった液体の中に入ったままで加熱をやめると，フラスコ内の圧力が下がりたまった液が逆流することがある。

① (1)X 融点　Y 沸点　(2)B　(3)ⓑ
② (1)混合物　(2)沸騰石　(3)エタノール
　 (4)ⓐ　(5)①⑦　②⑨　(6)蒸留

考え方

① (1), (2)X では固体が液体に状態変化し，Y
　では液体が気体に状態変化している。

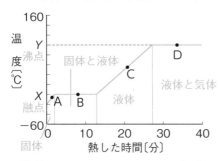

(3)融点が−200 ℃よりも高く，沸点が
　100 ℃未満の物質を選ぶ。

② (1)水やエタノールのように，1種類の物質
　でできている物を純粋な物質（純物質）と
　いう。空気や海水などは混合物である。
(2)素焼きのかけらでもよい。
(3)水の沸点は 100 ℃，エタノールの沸点
　は 78 ℃である。
(4)混合物の沸騰が始まると，温度の上昇が
　ゆるやかになる。
(5)混合液を蒸留すると，沸点の低い液体が
　先に多く集められる。

① (1)ⓑ, ⓓ, ⓕ
　(2)①ⓒ　②大きくなった。　③変わらない。
　(3)①大きくなる。　②大きくなる。
② (1)X 融点　Y 沸点　(2)E　(3)D　(4)B
③ (1)⑦
　(2)ロウは液体から固体に状態変化するときに
　　体積が小さくなり，液体のときより密度が
　　大きくなるので固体のロウはしずむ。
④ (1)沸点　(2)3（分後）　(3)⑦
　(4)①⑨　②⑦　(5)蒸留

考え方

① (1)気体を冷却すると液体または固体になり，
　液体を冷却すると固体になる。
　(2)①, ②液体のエタノールが湯であたため
　　られて気体に状態変化し，体積が大き
　　くなった。

③物質は状態変化しても質量は変化しな
　い。
(3)例外的に，水は氷になると液体のときよ
　り粒子の間隔が大きくなるので，体積が
　大きくなる。

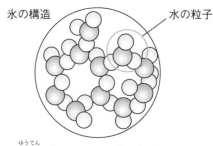

②(2)X（融点）が20 ℃よりも高い物質を選ぶ。
(3)X が−20 ℃から 20 ℃の間にあり，Y（沸
　点）が 20 ℃よりも高い物質を選ぶ。
(4)エタノールは常温で液体の物質で，水よ
　りも沸点が低いことから考える。
③(1)ロウの固体を加熱すると粒子の動きは活
　発になり体積が大きくなる。液体のロウ
　を冷却すると，粒子の動きはおだやかに
　なり，体積が小さくなる。状態が変化し
　ても粒子の数は変わらないため，質量は
　変化しない。
(2)液体中の物体のうきしずみは，液体と固
　体の密度の大小を考える。
④(1), (2)純粋な物質が状態変化している間は，
　物質の温度は変わらない。
(3), (4)純粋な物質の融点や沸点は，物質の
　種類によって決まっている。

身のまわりの現象

ぴたトレ1

1 ①光源 ②直進 ③反射 ④プリズム
2 ①入射角 ②反射角 ③等しい
④反射の法則 ⑤対称 ⑥なめらか ⑦凹凸
⑧乱反射 ⑨反射 ⑩入射角 ⑪反射角
⑫乱反射

考え方
1 ④太陽の光は白く見えるが，多くの色の光が混ざり合っている。
2 ⑫乱反射でもひとつひとつの光の反射では光の反射の法則がなり立っている。

ぴたトレ2

1 (1)光源 (2)①(光の)直進 ②(光の)反射
(3)① ⓑ ② ⓒ
2 (1)ⓐ (2)(光の)反射の法則 (3)30°
3 (1)ⓐ
(2)右図
(3)乱反射

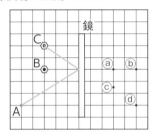

考え方
1 (2)②直進した光が物体の表面で反射して目に届くので，物体を見ることができる。
(3)入射角や反射角，屈折角などは，どれも光が当たる面(物質の境界面)と光のつくる角(ⓐ，ⓓ)ではなく，その面に垂直な線との間につくる角(ⓑ，ⓒ)である。

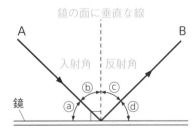

2 (1)，(3)表から，入射角Aと反射角Bの大きさが等しいことがわかる。
3 (1)鏡にうつる鉛筆は，実際の鉛筆と鏡の距離と同じだけ，鏡からはなれて見える。
(2)鏡に対してCと対称な位置から，Aに向かってくる光の道筋をまずかく。

ぴたトレ1

1 ①垂直 ②屈折 ③小さく ④大きく
⑤屈折 ⑥入射角 ⑦屈折角 ⑧入射角
⑨屈折角
2 ①近づいて ②全反射 ③光ファイバー
④全反射 ⑤屈折角 ⑥入射角 ⑦全反射

考え方
1 厚いガラスを通して見える部分と，直接見える部分では，色鉛筆がずれているように見える。
2 ③光ファイバーでは全反射をくり返し，光は外に出ないまま伝わっていく。

ぴたトレ2

1 (1)(光の)屈折 (2)ⓒ (3)ウ (4)イ
2 (1)全反射 (2)ウ (3)イ

考え方
1 (2)屈折角は物体の境界面と光がつくる角度ではなく，境界面に垂直な線と光がつくる角度である。
(3)，(4)光が空気中から物体に進むときは，入射角＞屈折角なので，光は境界面から遠ざかるように進む。光が物体から空気中に進むときは，入射角＜屈折角なので，境界面に近づくように進む。
2 (1)，(2)光が水から空気中へ進むとき，屈折角は入射角よりも大きくなる。入射角がある角度をこえると，屈折角が90°をこえてしまうので，全反射が起きる。

ぴたトレ1

1 ①凸レンズ ②像 ③光軸 ④焦点
⑤焦点距離 ⑥両側 ⑦平行 ⑧焦点
⑨焦点 ⑩焦点距離
2 ①平行 ②焦点 ③中心 ④焦点 ⑤光軸
⑥平行 ⑦焦点 ⑧中心 ⑨直進 ⑩焦点
⑪光軸

考え方
1 ③凸レンズの中心を通り，凸レンズの面に垂直な軸を「光軸」という。焦点は光軸上にある。
④「しょうてん」を「集点」とまちがえないように注意する。「焦点」の「焦」は「こげる」という意味である。
2 ⑧，⑨凸レンズの中心を通る光は屈折せずに直進する。

1. (1)屈折　(2)焦点　(3)①光軸　②焦点距離
   (4)⑦
2. (1)A⑰　B⑦　C⑦　(2)⑦　(3)⑦

考え方

1. (2)凸レンズでは，光軸に平行な光は凸レンズの厚い方（光軸に近い方）に屈折して，焦点に集まる。

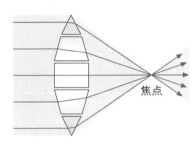

焦点

   (3)2つの焦点と凸レンズの中心は一直線上に並び，その直線が光軸である。
   (4)凸レンズの中心は2つの焦点の中央にあるので，焦点距離は同じになる。
2. (1)，(2)焦点の外側の光源の1点から出た光は凸レンズを通って1点に集まる。

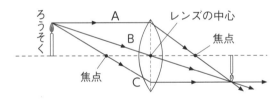

   (3)凸レンズに入る光は，1回屈折するように作図するが，実際には凸レンズに入ったときと出るときの2回屈折している。

1. ①実像　②虚像　③実像　④虚像
2. ①外側　②逆　③焦点　④内側
   ⑤小さい　⑥逆向き　⑦同じ　⑧逆向き
   ⑨大きい　⑩逆向き　⑪できない　⑫大きい
   ⑬同じ

考え方

1. ①，②実像はスクリーンにうつる像。虚像はスクリーンにうつせないが，レンズを通して見える像。
2. ①～④物体が焦点の外側にあるときは実像ができ，焦点の内側にあるときは虚像が見られる。
   ⑪物体が焦点上にあるときは，光が平行に進むので，像ができない。

1. (1)虚像　(2)⑦　(3)⑤
2. (1)実像　(2)10 cm
   (3)⑦　(4)⑦
   (5)①遠くなる。　②大きくなる。

考え方

1. (1)～(3)凸レンズの焦点の内側にある物体では，実物よりも大きく，実物と同じ向きの虚像が見える。虚像は光が像の位置に集まってできたものではないので，そこに物体があるかのように見えるが，スクリーンなどにうつすことはできない。

物体より大きな虚像

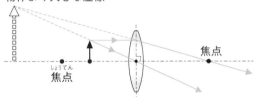

焦点　　　　　　　　　　焦点

2. (1)実像では，実際に像の位置に光が集まっているので，像をスクリーンにうつすことができる。
   (2)～(4)物体が焦点距離の2倍の位置にあるとき，実物と同じ大きさで上下左右が逆向きの実像ができる。

物体が焦点距離の2倍の位置にあるとき

物体と同じ大きさの実像

焦点

   求める焦点距離は，AC間の距離（20 cm）の半分である。
   20 cm × 0.5 = 10 cm
   (5)物体が焦点距離の2倍の位置と焦点の間にあるとき，実物よりも大きい上下左右が逆向きの実像ができる。

物体が焦点距離の2倍の位置と焦点の間にあるとき

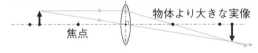

物体より大きな実像

焦点

凸レンズを通る光の道筋をまとめておく。

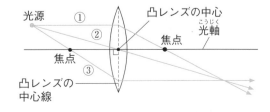

ぴたトレ3

1 (1)①右図
②45(°)
(2)3 (個)

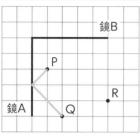

鏡B

P

R

鏡A　Q

2 (1)④
(2)右図

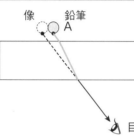

像　鉛筆
A

目

3 (1)①・②下図　(2)④

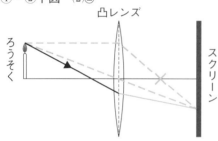

凸レンズ

ろうそく

スクリーン

4 (1)向きが上下左右逆で，大きさは同じになる。
(2)スクリーンは凸レンズ（の焦点）に近づけ，うつった像の大きさは小さくなった。
(3)④　(4)虚像

1 (1)①反射の法則を用いるか，下の図のように，ろうそくの像が鏡に対して対称の位置にできることから考えてもよい。

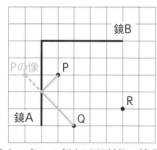

鏡B

Pの像　P

R

鏡A　Q

(2)鏡Aの奥に1個（1回反射），鏡Bの奥に1個（1回反射），鏡A・Bの合わせ目に1個（2回反射）の3個の像が見える。

2 (1)物体から出た光がガラスを通るときに2回屈折するために像（虚像）の位置が実物からずれる。

(2)鉛筆の点Aから出た光がガラスに入るときの入射角1と，ガラスを通って空気中に出るときの屈折角2が等しいので，鉛筆の点Aから出た光と目（B）に入る光は平行になる。

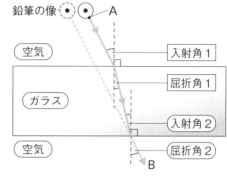

鉛筆の像　　A

空気

入射角1

屈折角1

ガラス

入射角2

空気　　　　　　屈折角2

B

3 (1)実像のできる位置には全ての光が集まるので，凸レンズの中心を通る光から，ろうそくの先端の像の位置を考える。
(2)像のできる位置に達する光の量が少なくなるので，像は暗くなる。

4 (1)「像の向き」と「像の大きさ」について簡潔に説明すればよい。「像の種類（実像か虚像か）」については問われていないので，答えなくてもよい。
(2)(1)と同様に，「スクリーンを動かした向き」と「像の大きさ」について簡潔に記述することが重要である。
(3)物体を焦点上に置くと，凸レンズを通過した光が平行になるため，像ができない。

ぴたトレ1

1 ①振動　②振動　③音源　④空気　⑤振動
⑥波　⑦鼓膜　⑧気体　⑨液体　⑩固体

2 ①振幅　②振動数　③ヘルツ　④Hz
⑤大きい　⑥小さい　⑦高い　⑧低い
⑨短い　⑩強く　⑪高く

1 ③光を出す物体を光源というように，音を出す物体を音源という。
⑧〜⑩音は物体を振動させて伝わるので，気体，液体，固体の中を伝わる。真空中では伝わらない。

2 ⑤，⑥振幅が大きいほど大きな音になり，振幅が小さいほど，小さな音になる。
⑦，⑧振動数が多いほど高い音になり，振動数が少ないほど低い音になる。

① (1)①音源　②振動している(状態)　③波
　④空気
(2)⑦　(3)①

② (1)①BとC　②AとD
　③AとB
(2)C　(3)振幅

考え方
①(2)板のような固体も振動するが，その大きさ(振幅)は小さい。そのため，振動が伝わりにくく，おんさBが鳴りにくくなる。
②(1)調べる条件以外が同じ2つを選ぶ。
　①弦の長さがちがうのはC。弦の長さ以外の条件がCと同じなのはBである。
　②弦の太さがちがうのはD。弦の太さ以外の条件がDと同じなのはAである。
　③弦を張る強さはおもりの個数で決まる。おもり以外の条件が同じものを選ぶ。
(2)弦の長さが短く，太さが細く，弦を張る強さが強いほど，弦の振動数が多くなり，音が高くなる。

1 ①オシロスコープ　②振幅　③振動数
　④大きい　⑤小さい　⑥高い　⑦低い

2 ①光　②音　③340　④30万　⑤1秒間
　⑥おそい

考え方
1①オシロスコープを使うと，振幅や振動数を目で見える形で表せる。
　②，③振動の幅で「振幅」，振動の数で振動数である。

① (1)オシロスコープ　(2)①　(3)①
(4)0.002秒　(5)高い。

② (1)⑦　(2)秒速340m　(3)918m

考え方
①(2)，(3)波形のグラフの見方。

山(谷)から山(谷)の間が1回の振動

振幅

(4) 1秒÷500＝0.002秒
②(2)612m÷(4.5−2.7)s＝340m/s
(3)340m/s×2.7s＝918m

① (1)①
(2)聞こえにくくなる。
(3)(もとのように)聞こえるようになる。
(4)空気のない空間では音が伝わらない。

② (1)①強くする。　②振幅が大きいふれ方
(2)⑦　(3)⑦　(4)強くする。
(5)音の速さは，音の振幅や振動数とは関係しない。

③ (1)C　(2)C，D　(3)1000Hz
(4)おんさをたたく強さ

④ (1)2秒　(2)秒速335m

考え方
①(1)測定器を使うと，音の大きさが数値で表示できるので，空気があるときと空気をぬいたときのちがいがわかりやすい。
(4)「音を伝えるものが少なくなると，音が小さくなる。」などでもよい。音は物体(物質)をつくる粒子が次々に振動して伝わる。
②(1)弦を強くはじくと大きな音が出る。このとき，弦の振幅は大きくなっている。振幅が大きいほど，大きな音になる。
(2)弦の長さを短くすると，振動数が多くなる。
(3)弦を太くすると，振動数が少なくなる。
(5)「音の振幅や振動数」「音の速さ」「変わらない(関係しない)」がキーワードである。
③(1)，(2)音の波形と振幅・振動数には下の図のような関係がある。

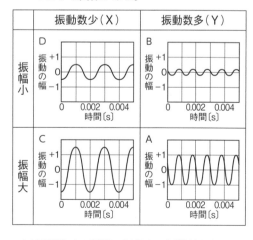

	振動数少（X）	振動数多（Y）
振幅小	D	B
振幅大	C	A

(3)振動数は1秒間に振動する回数だから，
　1÷0.001＝1000，よって1000Hz
(4)音の高さ(振動数)はおんさによって決まっているが，音の大きさはおんさをたたく強さによって変わる。
④(2)670m÷(17−15)s＝335m/s

1 ①形　②運動　③支える
2 ①垂直抗力　②弾性力　③弾性　④摩擦力
　⑤重力　⑥中心　⑦磁力　⑧電気
　⑨弾性力

考え方

1 ①〜③力には，物体の形を変える，物体の
　　運動の状態を変える，物体を支えるとい
　　う3つのはたらきがある。
2 ⑤，⑥地球上の全ての物体には，地球の中
　　心に向かって引く重力がはたらいてい
　　る。机に置いた物体にも重力がはたらく
　　が，机から物体に垂直抗力がはたらくた
　　め，物体は静止している。
　⑧定規をこすると，定規は静電気をもち，
　　水を引き寄せる。この現象は電気の力に
　　よる。

1 (1)⑦　(2)⑨　(3)⑦　(4)⑨
2 (1)重力　(2)弾性の力(弾性力)　(3)摩擦力
　(4)①反発し合う力　②引き合う力　③N極

考え方

1 実際には，力のはたらきによって2つ以
　上の現象が見られることが多い。特に，力
　を加えられた物体は，どんなにかたい物体
　でもわずかに変形する。このような物体の
　変形はいろいろな場面で見られ，その結果，
　弾性の力(弾性力)が生じる。
　(1)サッカーボールBがサッカー選手Aにけ
　　られる。
　　→Bが変形して弾性力が生じる。
　　→Bの運動のようすが変わる。
　(2)最も顕著な現象は，バーベルBが男の子
　　Aに支えられているということ。しかし，
　　このとき，バーベルBや男の子Aの手の
　　ひらは，ごくわずかに変形している。
　(3)風船Bが変形して弾性の力が生じ，女の
　　子Aの手をおし返すので，女の子には手
　　ごたえが生じる。
　(4)もし机がなかったとすると，本には机か
　　らの垂直抗力がはたらかないので，地球
　　からはたらく重力によって，本が落下し
　　てしまう。
2 (1)重力は，地球上の全ての物体にはたらく
　　ので，静止している物体にもはたらいて
　　いる。

(2)全ての物体は力を加えると変形し，弾性
　力を生じる。しかし，ある限界をこえる
　と，弾性の力がはたらかなくなり，変形
　がもとにもどらなくなったり，こわれた
　りしてしまう。
(3)摩擦力は，静止している物体を動かそう
　とする力がはたらくとき，接している物
　体から動きをさまたげる向きにはたらく。
　ただし，摩擦力の大きさには限度がある
　ので，一定以上の力が加わると，物体は
　動く。動いている物体に対しても，動き
　と逆の向きに一定の摩擦力がはたらいて
　いる。
(4)磁石の力(磁力)のはたらき

引き合う。

反発し合う。　　　　反発し合う。

1 ①力　②大きく　③等しい
　④ニュートン　⑤N　⑥100　⑦等しい
2 ①のび　②力　③誤差　④直線
　⑤原点　⑥比例　⑦フック　⑧した
　⑨させた　⑩比例

考え方

1 ③ばねののびが同じとき，同じ大きさの力
　　がはたらいていると考えられる。
　⑥100gの物体にはたらく重力は正確には
　　約0.98Nであるが，教科書ではこれを
　　1Nとしている。
2 ①，②力の大きさを変化させていくと，ば
　　ねののびが変化する。
　③測定値には誤差があるので，測定値が上
　　下に均等にちらばるようにして，直線で
　　グラフをかく。
　⑥，⑦ばねののびは加えた力の大きさに比
　　例するという関係をフックの法則という。
　　ばねばかりはこの関係を利用して，力の
　　大きさをはかるようにつくられている。
　　また，ばねののび方は，そのばねによっ
　　て決まっている。

1 (1)2 N　(2)3.0 cm　(3)360 g　(4)⑦

2 (1)1.0 N　(2)誤差　(3)⑦

　　(4)①比例（の関係）　②フックの法則

考え方

1(1)おもり2個で200 g だから，100 g の物体にはたらく重力が1 N とすると，
　　1 N×2 = 2 N

　(2)1.5 cm×2 = 3.0 cm

　(3)物体の重さを x〔g〕とすると，
　　100 : 1.5 = x : 5.4　x = 360
　　よって，360 g

2(1)0.2 N× 5 = 1.0 N

　(2)誤差には，測定器具のわずかなくるいや，目盛りの読みとりの誤差などがあり，厳密に0にはならない。

　(3)測定値が誤差をふくむので，折れ線グラフにしてはいけない。できるだけ多くの点の近くを通る直線のグラフをかく。

　(4)①原点を通る直線のグラフは比例の関係を表す。
　　②フックの法則は，弾性をもつ物体に広く見られる法則である。

1 (1)磁石の力（磁力）　(2)⑦

　　(3)物体がふれ合っている面から受ける力で，物体の運動をさまたげる向きにはたらく。

　　(4)⑦

　　(5)ボールには地球の中心に向かって引く重力がはたらいているから。

2 (1)弾性の力

　　　（弾性力）

　　(2)0.5 N

　　(3)10.5 cm

　　(4)右図

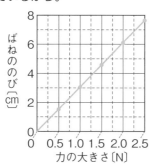

　　(5)大きくなる。

3 (1)0.8 N　(2)9 cm

　　(3)2.4 N　(4)エ

　　(5)ばねののびはばねを引く力の大きさに比例する。

　　(6)15 cm

考え方

1(1)，(2)磁石Aには，下向きの重力がはたらいているが，磁石Aがういているのは，重力の向きと反対向きに，磁石Bとの間で磁石の力がはたらいて，磁石Aを支えているからである。

　(3)指定された「面」「運動」を必ず使って説明すること。摩擦力は2つの物体の間ではたらき，静止している物体を動かそうとする場合，その力の大きさは，ある程度まで，物体を動かそうとする力と逆向きで等しい大きさになる。

　(4)⑦は弾性の力（弾性力），⑦は電気の力，エは垂直抗力による現象である。

　(5)ボールは手で支えられているが，下向きの重力がはたらいている。支えがなくなると，重力によって下に落ちる。
　　「ボールに重力がはたらいているから」「ボールが重力によって下に引かれているから」などと答えてもよい。

2(2)おもり1個で50 g だから，50÷100 = 0.5より0.5 N の力になる。

　(3)おもり1個 で1.5 cm のびるから，
　　1.5 cm× 7 = 10.5 cm

　(5)ばねを引く力の大きさとばねののびの関係は，グラフが原点を通る直線になることから，比例の関係にあることがわかる。

3(1)ばねAののびが3 cm のとき，グラフからおもりの質量は80 g である。

　(2)ばねBに360 g のおもりをつるしたときののびを x〔cm〕とする。ばねBは40 g のおもりで1 cm のびるから，
　　1 : 40 = x : 360　x = 9　よって，9 cm

　(3)ある物体の質量を x〔g〕とする。ばねAは80 g のおもりで3 cm のびるから，
　　3 : 80 = 9 : x　x = 240
　　240 g の物体にはたらく重力は2.4 N となる。

　(4)80 g のおもりをつるしたとき，ばねAは3 cm，ばねBは2 cm のびるので，ばねAののび：ばねBののび = 3 : 2。

　(6)ばねAとばねBの両方に，240 g 分の力がはたらく。ばねAののびを x〔cm〕，ばねBののびを y〔cm〕とすると，
　　3 : 80 = x : 240　x = 9
　　2 : 80 = y : 240　y = 6
　　ばねAとばねBののびの合計は，9 cm +6 cm = 15 cm となる。

1 ① $\frac{1}{6}$ ②質量 ③グラム ④キログラム

　⑤重力 ⑥質量

2 ①作用点

　②・③大きさ・向き ④・⑤点・矢印

　⑥始点 ⑦向き ⑧長さ

　⑨作用点（力のはたらく点） ⑩力の大きさ

　⑪力の向き ⑫中心 ⑬面

考え方

1 ⑤, ⑥重力は地球が物体を地球の中心に向かって引く力。質量は物体そのものの量である。重力は場所によって変化するが, 質量は変化しない。

2 ④, ⑤力を矢印で表すときは, 1つの力は1つの矢印で表す。物体を手のひら全体でおすときなども, 矢印を何本もかいたりしない。

⑫重力のように物体全体にはたらく力を表す矢印は物体の中心を始点にする。

1 (1)600 g (2)重力 (3)1 N (4)600 g

　(5)質量 (6)⑦

2 (1)作用点 (2)力の大きさ, 力の向き

　(3)4 cm (4)⑦ (5)垂直抗力

考え方

1 (1)100 g × 6 N ÷ 1 N = 600 g

(3)月面上では重力が6分の1になるので, ばねばかりは1 Nを示す。

(4), (5)物体の質量は(1)で求めた600 g。質量は月面上でも変わらないので, 600 gの分銅とつり合う。

(6)物体にはたらく重力は場所によって変化するが, 質量は変化しない。

2 (1), (2)力の3つの要素とその表し方

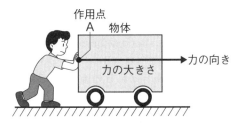

作用点 A 物体 力の向き 力の大きさ

(3)10 Nで1 cmだから, 40 Nなら4倍の4 cmにすればよい。

(4)重力を示す力の矢印は, 物体の中心を始点としてかく。

1 ①等しく ②逆 ③直線

　④つり合っている ⑤等しい ⑥逆

　⑦一直線

2 ①重力 ②垂直抗力

　③つり合っている ④3 ⑤重力

　⑥垂直抗力

考え方

1 ①物体が静止しているとき, ばねAとばねBによって物体には同じ大きさの力がはたらいている。

④1つの物体に2つの力がはたらいて, 物体が静止しているとき, 2力がつり合っているという。

2 ①～③全ての物体には重力がはたらいている。はかりの面が重力にさからって物体を上向きにおし返すため, 物体は静止を続けている。

1 (1)⑦ (2)動かない

　(3)— (4)⑦

　(5)2力の大きさが等しい。

　　2力の向きが逆向きである。

2 (1)A⑦ B⑦

　(2)A

　(3)つり合っている

考え方

1 (1)2力がつり合うのは次の3つの条件を全て満たしているものである。

> ・2力の大きさが等しい。
> ・2力の向きは逆向きである。
> ・2力は一直線上にある。

3つの条件を満たしているのは⑦～⑪のうちでは, ⑦だけである。

⑦は2力の大きさがちがっている。

⑦は2力が一直線上にない。

⑪は力の向きが逆になっていない（一直線上にない）。

2 (1), (2)Aは机が物体をおす力, Bは重力である。

(3)つり合う力は重力と垂直抗力である。物体が静止するとき, はたらく力がつり合っている。力がつり合わなければ, 静止を続けられない。

❶ (1)質量 (2)1.5N
(3)150 g (4)0.25N
(5)月面上では重力が $\frac{1}{6}$ になるため，宇宙服の
重さも $\frac{1}{6}$ になり，軽く感じられるから。

❷ (1)右図
(2)下左図
(3)下右図

(1)

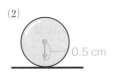

(2)

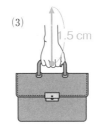

(3)

❸ (1)右図
(2)C
(3)1.5 cm

❹ (1)ⓑ
(2)1.5N
(3)ⓘ
(4)力の大きさが等しく，一直線上にあり，逆
向きにはたらく。
(5)ⓐ

考え方

❶ (1)，(3)上皿てんびんではかる物体そのもの
の量を質量という。質量はどこではかっ
ても変化しないので，月面上ではかって
も地球上ではかるのと同じ 150 g の分銅
とつり合う。
(2)質量が 150 g の物体にはたらく重力は，
地球上では150÷100＝1.5 N となる。
(4)重力は月面上では地球の約 $\frac{1}{6}$ になるので，
1.5 N× $\frac{1}{6}$ ＝0.25 N の重力がはたらく。
(5)月面上ではたらく重力は，地球の約 $\frac{1}{6}$ と
小さい。

❷ 力の 3 つの要素を矢印で正しく表す。特に
作用点の位置に注意する。
(1)作用点は台車をおす手の真ん中あたりに
とる。矢印の向きは，おす面に対して垂
直で，矢印の長さは，
0.5 cm×(50 N÷10 N)＝2.5 cm

(2)重力の作用点は，物体(ボール)の中心に
とる。矢印の向きは下向きで，矢印の長
さは，
0.5 cm×(10 N÷10 N)＝0.5 cm
(3)作用点は荷物を持つ手の真ん中あたりに
とる。矢印の向きは真上の向きで，矢印
の長さは，
0.5 cm×(30 N÷10 N)＝1.5 cm

❸ (1)重力の力の矢印は，木片の中心を始点に
して，下向きにかく。長さは垂直抗力と
同じ。
(2)力 A は天井がばねを引く力，力 B はば
ねが天井を引く力，力 C はばねがおもり
を引く力，力 D はおもりがばねを引く力，
力 E はおもりにはたらく重力を表してい
る。
(3)図 1 の木片をばねにつるすと，木片の重
力と同じ大きさの力がばねに加わる。図
1 の重力の力の矢印の長さは 3 目盛り分
なので，その力は 3 N である。ばねのの
びを x とすると，
1：0.5 ＝ 3：x　x＝1.5　よって，1.5 cm
となる。

❹ (1)ばねばかり A から厚紙にはたらく力だか
ら，作用点は厚紙上のⓑとなる。ⓐは糸
にはたらく力である。
(2)厚紙が静止しているので，ばねばかり A
が引く力とばねばかり B が引く力は大き
さが等しく，つり合っていることがわか
る。
(3)厚紙にはたらく力はつり合っているから，
一直線上にあることがわかる。2 力が一
直線上にあるのでⓘである。ⓐとⓒは 2
力が一直線上にないので静止せずに動く。

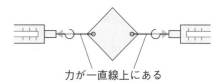

力が一直線上にある

(4)2 力のつり合いの条件は，2 力が一直線
上にあり，大きさが等しく，向きが逆向
きという 3 点である。
(5)2 力のつり合いの 3 つの条件のうち，ど
れか 1 つでも満たしていない場合はつり
合わない。

大地の変化

1　①火山　②マグマ　③噴火　④溶岩

2　①弱い　②強い　③黒っぽい　④白っぽい
　　⑤弱い　⑥強い

考え方

1　②マグマは，地下の岩石が地球内部の熱で
　　とけたものである。
　③地下深くにあったマグマが上昇すると，
　　マグマの中にある水や二酸化炭素などが
　　気体になる。さらに，地表付近の岩石を
　　ふき飛ばして，マグマが外にあふれ出す。
　　これを噴火という。
　④高温で液体状のものだけでなく，冷え固
　　まったものも溶岩という。

2　マグマのねばりけが強いと，盛り上がった
　　火山になり，溶岩が白っぽい。ねばりけが
　　弱いと傾斜がゆるやかな火山になり，溶岩
　　が黒っぽい。

1　(1)マグマ　(2)気体　(3)溶岩　(4)C
　(5)①白っぽく　②黒っぽく　③A
　(6)⑦

2　(1)マグマ　(2)⑦
　(3)①盛り上がった
　　②(傾斜が)ゆるやかな

考え方

1　(3)マグマが地表に流れ出たものは，高温で
　　液体状のものも，固まったものも溶岩と
　　いう。
　(4)ねばりけが強いマグマは，傾斜の大きい
　　盛り上がった形の火山をつくる。ねばり
　　けが弱いマグマは傾斜の小さい火山をつ
　　くる。

A マグマのねばりけが弱い火山

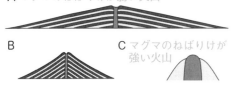

B

C マグマのねばりけが
　強い火山

　(6)Bのような形の火山を成層火山といい，
　　ねばりけが中程度のマグマによってでき
　　る火山である。富士山以外にも，浅間山
　　や桜島などがある。

2　(1)少量の水を加えた石こう（A）はねばりけ
　　が強いマグマ，大量の水を加えた石こう
　　（B）はねばりけが弱いマグマのモデルに
　　なる。
　(2)ねばりけが強い石こうをおし出すと，横
　　に流れず，盛り上がった形になる。
　(3)この実験で，マグマのねばりけが強いと
　　盛り上がった形，ねばりけが弱いと傾斜
　　がゆるやかな形になることがわかる。

1　①流れ出る　②溶岩ドーム　③火山噴出物
　　④火山灰　⑤火山ガス　⑥火山弾　⑦溶岩
　　⑧マグマ

2　①鉱物　②白　③黒　④無色鉱物
　　⑤有色鉱物　⑥風　⑦遠く　⑧広い　⑨噴火

考え方

1　②溶岩ドームは火山全体をさすものではな
　　く，火口付近にできる小山のような地形
　　である。溶岩ドームがくずれると，火砕
　　流が起こることがある。
　③火山から噴(ふ)き出した物なので，火山
　　噴出物という。
　④〜⑧火山噴出物はいずれも，マグマが変
　　化したものである。

2　②，③マグマのねばりけが強い火山では，
　　火山灰も白っぽく，マグマのねばりけが
　　弱い火山では，火山灰も黒っぽい。マグ
　　マのねばりけは二酸化ケイ素という物質
　　の量で決まり，その割合が多いほど，ね
　　ばりけが強い。
　④，⑤無色鉱物には石英と長石がある。有
　　色鉱物には黒雲母，角セン石，輝石，カ
　　ンラン石，磁鉄鉱などがある。
　⑥〜⑨火山によって，また噴火によっても
　　火山灰は少しずつちがっている。火山灰
　　は広い範囲に積もるので，火山灰を調べ
　　ることで，いつ堆積した地層なのかが推
　　測できる。

1　(1)溶岩　(2)火山弾　(3)⑦

2　(1)にごらなく(きれいに)　(2)鉱物
　(3)ⓐ　(4)①無色鉱物　②有色鉱物
　(5)A 石英　B 長石　C 黒雲母

1 (1)地表で冷え固まった溶岩には，マグマの気体成分がぬけたあながあいている。

(2)火山弾は飛び散った溶岩が空中で回転しながら固まったもので，ラグビーボールのような形のものがよく見られる。

(3)マグマのねばりけが強い火山では，気体成分がぬけにくく，爆発的な噴火になる。火山灰や溶岩，火山ガスがまとまって斜面を高速で流れ下る火砕流などが起こることもある。

2 (1)指の先でおし洗いすることで，火山灰のかたまりがばらばらになる。水がにごらなくなったら，鉱物以外のものや観察しづらい小さな粒が除かれ，ほぼ鉱物だけがとり出せたと考えられる。

(3)火山灰ⓐは火山灰ⓑと比べて，有色鉱物が多いので，黒っぽく見える。火山灰が黒っぽいのは，ねばりけが弱いマグマからできたものである。

(5)無色で不規則に割れるのは石英。石英の大きな結晶が水晶である。白色か半透明で決まった方向に割れるのは長石。長石は石英よりもやわらかく，どの火山噴出物にもふくまれている。黒雲母には，黒色で決まった方向にうすくはがれるという特徴がある。

p.96 ぴたトレ1

1 ①火成岩 ②短い ③火山岩 ④長い
⑤深成岩 ⑥火山岩 ⑦マグマ
⑧深成岩 ⑨深成岩

2 ①火山岩 ②石基 ③斑晶
④斑状 ⑤深成岩 ⑥等粒状
⑦斑晶 ⑧石基

考え方

1 ①マグマが冷え固まってできる岩石をまとめて，火成岩という。火山で生成する岩石なので，火成岩である。

③火山の表面近くにあり，火山をつくる岩石なので，火山岩である。

⑤地下深くで生成する岩石なので，深成岩である。

⑥～⑧地表付近でできる⑥は火山岩，地下深くでできる⑧は深成岩である。

⑨深成岩は大地が上昇し，地表がけずられると，見られるようになる。

2 ④火山岩は，石基の中に斑晶があるつくりなので，斑状組織という。

⑥深成岩は，大きさがほぼ等しい粒(鉱物)の集まりなので，等粒状組織という。

p.97 ぴたトレ2

1 (1)火成岩 (2)ⓘ (3)A火山岩 B深成岩

2 (1)石基 (2)斑晶 (3)斑状組織 (4)等粒状組織
(5)Aⓐ Bⓔ (6)A

考え方

1 (2)地表に近いところほど，冷え固まる速さが速いので，結晶が大きくならない。

2 (3)斑状組織の火成岩は，火山岩である。

(5)Bはゆっくり冷えてできたので，結晶が大きく育っている。

目に見えるほど，結晶が大きく成長している

(6)安山岩は火山岩で，花こう岩は深成岩である。

p.98 ぴたトレ1

1 ①弱い ②強い ③玄武岩 ④安山岩
⑤流紋岩 ⑥黒っぽい ⑦白っぽい
⑧はんれい岩 ⑨せん緑岩 ⑩花こう岩

2 ①活火山 ②地熱 ③ハザードマップ

考え方

1 火山岩は黒っぽいものから，玄武岩，安山岩，流紋岩，深成岩ははんれい岩，せん緑岩，花こう岩となる。

2 ①日本付近は世界の中でも火山が多い。現在活動している火山と1万年以内に噴火した記録がある火山を活火山という。

③ハザードマップは，予測される被害範囲や被害程度，避難経路などを示したものである。火山以外にも，地震，津波，洪水などに関するものがある。

① (1)ウ　(2)①A　②F　(3)A流紋岩　B安山岩
　　C玄武岩　D花こう岩　Eせん緑岩
　　Fはんれい岩

② (1)ハザードマップ　(2)ア
　　(3)地熱発電，温泉，カルデラなどの美しい風
　　景　などから1つ

考え方

① (1)ねばりけが強いマグマほど，冷え固まる
　　と無色鉱物が多い火成岩になり，白っぽ
　　くなる。
　　(2)A・Dは白っぽく，C・Fは黒っぽい。

② (2)津波は地震が起こったときに発生するこ
　　とが多い。火砕流は高温の火山噴出物が
　　高速で火山を下る現象である。
　　(3)火山のめぐみには火山の熱を利用したも
　　の，火山がつくる風景など，さまざまな
　　ものがある。

① (1)マグマ　(2)火山ガス
　　(3)かぎ層　(4)溶岩(火山岩)
　　(5)溶岩にふくまれていた火山ガスがぬけてで
　　きた。

② (1)溶岩ドーム　(2)エ　(3)①ウ
　　②水を加え，指先で軽くおし洗いし，水
　　をかえてきれいになるまでくり返す。

③ (1)ウ　(2)A火山岩　B深成岩

④ (1)石基　(2)等粒状組織
　　(3)マグマが地下深いところで長い時間をかけ
　　て冷え固まったから。
　　(4)A安山岩　B花こう岩
　　(5)マグマのねばりけがちがうから。

考え方

① (3)火山灰の層から地層の広がりがわかる。
　　(4)マグマが流れ出たものは，とけた状態で
　　も固まった状態でも溶岩である。
　　(5)「マグマの成分が気泡になってぬけたあ
　　とである」ことを正しく書く。

② (1)溶岩ドームは火山全体ではない。
　　(2)図の火山は，その傾斜が大きいことか
　　ら，マグマのねばりけが強いことがわか
　　る。噴火の規模はマグマのねばりけだけ
　　によって決まるものではないが，ほかの
　　条件が同じならば，マグマのねばりけが
　　強い方が爆発的な噴火をする。

(3)①火山灰は光を通さないので，顕微鏡に
　　よる観察には向かない。
　②「洗う。」「ごみを落とす。」「表面をき
　　れいにする。」「小さすぎる火山灰を洗
　　い流す。」など，水洗いしてある程度の
　　大きさの火山灰だけにすることを書け
　　ばよい。

③ (1)，(2)地表や地表近くで固まった火山岩は，
　　マグマが急に冷やされるので，結晶が
　　じゅうぶんに成長することができないが，
　　地下深くでゆっくり冷え固まる深成岩で
　　は大きな結晶ができる。

④ (1)，(2)Aは火山岩で，つくりは斑状組織，
　　Bは深成岩で，つくりは等粒状組織であ
　　る。
　　(3)「できた場所(地下深く)」「固まり方(ゆっ
　　くり，長時間)」を必ず説明する。
　　(4)火山岩(A)で中程度の色は安山岩，深成
　　岩(B)でもっとも白っぽいのは花こう岩
　　である。

1 ①岩盤　②波　③震源　④震央　⑤震度
　⑥同心円　⑦小さく　⑧同心円

2 ①初期微動　②主要動　③初期微動継続
　④P波　⑤S波　⑥速い　⑦初期微動
　⑧主要動　⑨初期微動継続時間　⑩長く
　⑪マグニチュード　⑫広く

考え方

1 ⑤日本の震度は0～7(5と6は「弱」と「強」
　　に分かれるので10段階になる)で表され
　　る。
　⑥同心円とは，中心が同じで，半径が異な
　　る円。地震のゆれが四方に同じ速さで伝
　　わるため，ゆれ始めの時刻をつないだ線
　　が同心円状になる。

2 ④～⑥初期微動は速く伝わる波(P波)に
　　よって起こり，主要動はおそく伝わる波
　　(S波)によって起こる。

① (1)震源　(2)震央　(3)ⓑ
　　(4)イ　(5)震度

② (1)ⓐ初期微動　ⓑ主要動
　　(2)ウ　(3)イ　(4)大きい　(5)B
　　(6)マグニチュード

1 (1), (2)震源は地震が発生した地下の地点で, 震央は震源の真上の地点であり, 地表で最も早くゆれ始める地点である。

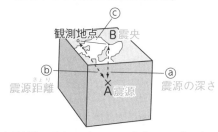

観測地点　Ｂ震央
ⓒ
ⓑ　　　　　　　　　ⓐ
震源距離　×Ａ震源　　震源の深さ

(4)地震のゆれはすべての方向にほぼ一定の速さで伝わる。

2 (2)ⓐはＰ波, ⓑはＳ波が伝わると起こるゆれである。Ｐ波とＳ波は震源を同時に出るが, Ｐ波の方が伝わる速度が速いので先に到着する。

(3)⑦は地震が発生してから初期微動が始まるまでの時間, ⑨は地震が発生してから主要動が始まるまでの時間を表している。⑨と⑦の差である⑦が初期微動継続時間である。

(5)震源からの距離が小さいほど, 震度が大きくなることが多い。

(6)マグニチュードは地震の規模を表すので1つの地震に1つしかないが, 震度は各地の地震のゆれの大きさを表すので, 観測点によって, いろいろな数値を示す。

---

p.104　　ぴたトレ1

1 ①プレート　②100　③海溝　④浅く
　⑤深く　⑥断層　⑦ゆれ(地震)　⑧活断層
　⑨内陸　⑩海溝　⑪津波
　⑫大陸(北アメリカ)　⑬海洋(太平洋)
　⑭海溝(日本海溝)

2 ①隆起　②沈降　③液状化　④津波
　⑤緊急地震　⑥ハザードマップ

1 ⑧活断層は, 今後も活動する可能性がある断層である。
　⑨, ⑩内陸型地震も海溝型地震もプレートの動きによって起こる。

2 ④津波は, 海溝型地震で震源が海底にあるときに起こる。
　⑤緊急地震速報はＰ波を地震計でとらえてＳ波の到達時刻や主要動の大きさを予想するシステム。

---

p.105　　ぴたトレ2

1 (1)⑦　(2)Ａ北アメリカ　Ｂ太平洋　(3)Ｄ
　(4)海溝　(5)断層　(6)活断層

2 (1)⑦→⑨→⑦　(2)海溝型地震　(3)⑦
　(4)緊急地震速報

1 (1)プレートは地球の表面をおおう約100kmの厚さの岩盤である。
　(3), (4)海洋プレートが大陸プレートにしずみこむところに海溝ができる。

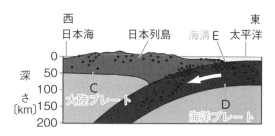

西
日本海　　日本列島　　海溝 Ｅ　太平洋
深さ〔km〕　0／50／100／150／200
大陸プレート　Ｃ
Ｄ
海洋プレート

(5)内陸型地震の多くは, プレート運動による力が活断層に加わって起こると考えられる。

2 (3)津波は岸から遠くはなれた場所が震源でも起こる場合がある。また, 海底が隆起することによって海水が移動する。

---

p.106〜107　　ぴたトレ3

1 (1)震央　(2)ⓐ
　(3)①マグニチュード　②Ａ
　③大きなゆれが伝わる範囲が広いから。

2 (1)Ａ10(秒)　Ｂ20(秒)　(2)150(km)
　(3)(秒速)5(km)　(4)8(時)29(分)55(秒)

3 (1)右図

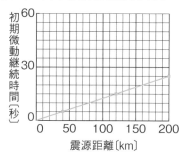

初期微動継続時間〔秒〕　60／30／0
0　50　100　150　200
震源距離〔km〕

(2)15(時)31(分)45(秒)

4 (1)ⓑ　(2)海溝　(3)⑦
　(4)海底が隆起することで海水が移動するから。
　(5)以前にできた断層で, くり返しずれが生じる可能性があるもの。
　(6)緊急地震速報

① (1)震央は，最も早く地震のゆれが始まる地表の地点であるといえる。

(2)ふつう，地震のゆれは，震源（震央）からはなれるにしたがって小さくなる。

(3)震源の深さがほぼ同じであるという条件があたえられているので，「広い範囲でゆれが観測される。」または「震央付近の震度が大きい。」でも正解とするが，両方が書かれている方が望ましい。

② (1)初期微動継続時間をグラフからそれぞれ読みとる。

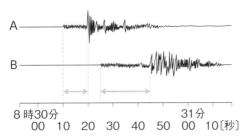

8時30分
00 10 20 30 40 50 00 10〔秒〕
　　　　　　　　　　　31分

A…20秒－10秒＝10秒

B…45秒－25秒＝20秒

(2)震源距離と初期微動継続時間は比例する。

75 km×(20÷10)秒＝150 km

(3)(150－75)km÷(25－10)秒＝5 km/秒

(4)75 km÷5 km/秒＝15秒

Aがゆれ始めた15秒前に地震が起こった。

③ (1)初期微動継続時間は，

A…55秒－50秒＝5秒

B…15秒－00秒＝15秒

C…35秒－10秒＝25秒

である。測定値を表す点がはっきりわかるようにしてグラフをかく。

(2)グラフから，震源距離が40 km長くなると，初期微動継続時間が5秒長くなることがわかる。P波とS波は震源から同時に出るので，震源の初期微動継続時間は0秒であり，AにP波が到達する5秒前に地震が起こった。

④ (1)フィリピン海プレートはユーラシアプレートの下にしずみこむように動いている。

(3)海洋プレートが大陸プレートの下にしずみこんでいるものを選ぶ。

(5)活断層のずれで起こる地震は震源が浅いことが多く，マグニチュードが小さくてもゆれが大きくなることがある。

---

1 ①風化　②侵食　③運搬　④堆積　⑤地層
⑥近く　⑦風化　⑧侵食　⑨運搬　⑩堆積

2 ①堆積岩　②とれている　③大きさ
④凝灰岩　⑤二酸化炭素　⑥チャート
⑦年代

考え方

1 ②～④川の上流では侵食のはたらきがさかんで，下流では堆積が進む。
⑥粒が大きいものほど，海岸の近くにしずむ。また，早くしずむので，同じ層の中でも下の方の粒が大きくなる。

2 ④凝灰岩は，火山灰が積もってできたので，流れる水によってできたれき岩や砂岩とちがって粒が角ばっている。

---

① (1)①風化　②侵食
(2)①運搬　②堆積
(3)ウ　(4)地層

② (1)堆積岩
(2)Aれき岩　B砂岩　C泥岩
(3)ウ　(4)石灰岩

考え方

① (1)①雨水には二酸化炭素などがとけていて酸性なので，岩石をとかす。また，しみこんだ水が冷やされて氷になると体積が大きくなるので岩石を破壊する。気温が変化すると，鉱物によって膨張のしかたがちがうので，岩石がもろくなる。そのほかに，植物が根をはることなどによっても風化が進む。

(2)流水のはたらきの大きさは，水が流れる速さによって変化することを知っておこう。

	上流A	中流B	下流C
流速	大きい←	→	小さい
侵食	大きい←	→	小さい
運搬	大きい←	→	小さい
堆積	小さい←	→	大きい

(3)れきは2 mm以上，砂は2 mm～$\frac{1}{16}$（約0.06）mm，泥は$\frac{1}{16}$（約0.06）mm以下。
Bのように山地を出たところにできた平らな地形を扇状地，Cのように河口付近にできた平らな地形を三角州という。

② (1)土砂に限らず，生物の死がいが堆積した石灰岩やチャート，火山灰などが堆積した凝灰岩なども堆積岩である。

(2)主に2mm以上の土砂からできているものがれき岩，2mm未満の土砂でできているもののうち，肉眼で粒が見えるものが砂岩，粒が見えないものが泥岩である。

(3)流された土砂が，たがいにぶつかったり，川底や川岸にぶつかったりして，くだけ，角がけずられる。

直径
1m以上の
岩が流れる。
流されていく間にくずれ，
角がけずられる。

上流　中流　下流　海

(4)石灰岩の主成分は炭酸カルシウムで，うすい塩酸と反応して二酸化炭素を発生する。

p.110 **ぴたトレ1**

1 ①化石　②下　③上　④古い　⑤示相化石
⑥限られた　⑦浅い　⑧湖

2 ①地質年代　②示準化石　③広い
④古生代　⑤中生代　⑥新生代
⑦サンヨウチュウ　⑧アンモナイト
⑨ビカリア

考え方
1 ①生物の死がいだけではなく，巣あなや足あとなどの生活のあとも化石になる。
⑤示相化石には限られた環境で長い期間生きてきた生物が適している。
2 ②，③示準化石には限られた時期にだけ広い範囲に生きた生物が適している。

p.111 **ぴたトレ2**

1 (1)れき岩　(2)C　(3)示相化石　(4)⑦
2 (1)示準化石
(2)短い期間，広い範囲にすんでいた。
(3)A古生代　B新生代　C中生代

考え方
1 (1)河口から沖に流されるとき，しずむ速さのおそい，小さな粒は遠くまで流される。そのため，河口付近には粒の大きいれきが堆積する。これより，れき岩の層が堆積した当時は，岸に近い場所だったことがわかる。

(2)凝灰岩の層は火山灰などが堆積したものであることから，堆積した当時，火山の噴火があったことがわかる。

(4)サンゴのなかまは，あたたかくて浅い海にすむ。

2 (2)栄えた期間が短くないと堆積した年代を特定できない。また，広い範囲に生息した生物でないと，さまざまな地層の比較には使えない。

(3)Aのサンヨウチュウは古生代，Bのビカリアは新生代，Cのアンモナイトは中生代を示す示準化石である。

p.112 **ぴたトレ1**

1 ①プレート　②海底（海の底）　③中生代
④東西　⑤隆起　⑥フィリピン海

2 ①しゅう曲　②おし縮める　③断層
④プレート運動　⑤地震

考え方
1 ②ヒマラヤ山脈でアンモナイトの化石が見つかったことから，海底の地層が隆起して山脈ができたと推測できる。
2 ③断絶した地層ということで断層である。
④日本付近では海洋プレートが大陸プレートの下にしずみこみ，大地の変動や地震が起こる。

p.113 **ぴたトレ2**

1 (1)プレート　(2)エ
(3)①海洋　②大陸
③東西
2 (1)しゅう曲　(2)断層　(3)⑦

考え方
1 (2)その地層が堆積した当時の環境がどうだったかは示相化石によって推測できる。
(3)日本列島付近には4つのプレート（ユーラシアプレート，北アメリカプレート，太平洋プレート，フィリピン海プレート）の境界がある。海洋プレートが大陸プレートにしずみこむので，日本列島は東西におし縮めるような力を受けている。
2 (1)，(3)しゅう曲は左右からおし縮める力がはたらいて，地層が波打つ大地の変化である。大きくしゅう曲すると，地層の上下が逆転することもある。

① ①柱状図　②新しい　③遠い
　　④近い

② ①ボーリング

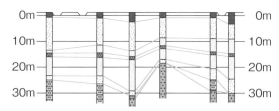

考え方

① ②地層は下から上に堆積する。
　　③，④大きい粒ほど岸に近い海，小さい粒
　　ほど岸に遠い海に堆積する。

② 地層は厚みが多少ちがっても同じ順序で，
　　同じ種類の堆積物が重なっている。

① (1)(火山の)噴火　(2)砂　(3)⑦
② (1)柱状図　(2)ボーリング試料
　(3)かぎ層　(4)85m～95m　(5)西

考え方

①(1)火山灰の層は地層が堆積した当時に火山
　　活動があったことを示す。火山灰は広く
　　堆積するので，火山灰を調べれば，その
　　層の堆積した時期がわかり，地層の広が
　　りの目安になる。
　(2)，(3)れき，砂，泥と粒が小さくなるので，
　　陸から遠ざかったことがわかる。つまり，
　　大地がしずんで，水深が深くなったと考
　　えられる。
②(3)かぎ層には，凝灰岩の層や化石をふくむ
　　層などがよく使われる。
　(4)Aの標高は120mで，柱状図から凝灰岩
　　の層は地表から25～35mの深さにある
　　から，120－25＝95，120－35＝85より，
　　標高85～95mのところにある。
　(5)凝灰岩の層の標高に注目する。
　　B地点の凝灰岩の層は110－15＝95，
　　110－25＝85より，標高85～95m。
　　C地点の凝灰岩の層は140－35＝105，
　　140－45＝95より，標高95～105m。
　　よって，AとBは凝灰岩の層が同じ高さ
　　にあるので，南北の傾きはない。AとC
　　では，CからAに向かって西に傾斜して
　　いる。

① (1)⑤　(2)⑦
　(3)作業用手ぶくろをして，保護眼鏡をつけ，
　　ハンマーや岩石の破片が人に当たらないよ
　　うに注意する。
② (1)E　(2)⑤
　(3)①⑦　②示相化石
　(4)①⑦　②示準化石
③ (1)A断層　Bしゅう曲
　(2)①C　②A　③B
　(3)⑦
④ (1)⑤
　(2)泥岩
　(3)流水によって運搬される間に粒がぶつかり
　　合い，粒の角がけずられるから。
　(4)塩酸をかけたとき，二酸化炭素が発生すれ
　　ば，石灰岩である。
　(5)⑤
　(6)①D　②B　③A　④C

考え方

①(2)ルーペは野外観察に携帯するのに適して
　　いる。
　(3)野外観察での安全について具体例をあげ
　　て説明すればよい。
②(1)地層は下から順に堆積するので，断層や
　　しゅう曲などがなければ，下にあるもの
　　ほど先に堆積している。
　(2)下から順に，地層をつくる粒が小さく
　　なっているので，水の動きが少なくなっ
　　たと考えられる。
　(4)①アンモナイトは，中生代に限って広い
　　範囲に生息した，イカやタコのなかま
　　である。
③(2)，(3)AとBはどちらも左右からおされて
　　できた変形であるが，しゅう曲は断層よ
　　りもやわらかい地層で起こりやすい。
④(1)泥の粒が最も小さく，れきの粒が最も大
　　きい。
　(2)小さい粒ほどなかなかしずまないので，
　　水に運ばれやすい。
　(3)「侵食されたから。」「角がとれたから。」
　　だけでは不十分である。流れる水のはた
　　らきによることを入れる。
　(4)「発生した気体が何か」をはっきり書くこ
　　とが必要である。
　(6)凝灰岩の層の位置をもとに考える。

❶ (1)A…やく　B…柱頭　C…子房
　　　D…がく　E…胚珠
　　(2)F…E　G…C
　　(3)受粉

❷ (1)⑦　(2)⑦
　　(3)(マツの花には)子房がないから。

❸ (1)① B　② C
　　(2)胞子のう
　　(3)⑦　(4)⑦, ⓔ

❹ (1)①裸子植物　②被子植物　③単子葉類
　　　④双子葉類
　　(2)ⓐ
　　(3)A⑦　B⑦　C⑦
　　(4)種子をつくるかつくらないか。

考え方

❶(1)Aはおしべの先端にあるやくで, 花粉が入っている。Bはめしべの先端の柱頭で, 花粉がつきやすくなっている。Cはめしべのふくらんだ部分で子房といい, 中に胚珠(E)が入っている。Dは花のいちばん外側にあるがくである。

(2), (3)めしべの柱頭に花粉がつく(受粉)と, 子房(C)は果実(G)に, 胚珠(E)は種子(F)になる。

❷(1)マツの雌花Aは枝の先端につく。雌花のりん片Cには胚珠ⓐがあり, 雄花Bのりん片Dには花粉のうⓑがある。

(2)花粉が胚珠につく(受粉)と種子になる。

(3)「子房」がキーワードである。裸子植物には子房がないので果実ができない。

❸(1)イヌワラビでは, 地上部分は全て葉であり, 茎は地下にあって横にのびているので, 地下茎とよばれることがある。シダ植物の茎は地下茎になることが多いが, ヘゴのように茎を地上に高くのばし, 木のようになるものもある。

(2), (3)シダ植物では, 葉の裏にたくさんの胞子のうがあり, その中に胞子をつくる。その胞子のうの並び方はシダ植物の種類によってそれぞれ異なり, 胞子のうの並

び方でシダ植物の種類を見分けることができる。

(4)ゼニゴケのからだのつくり

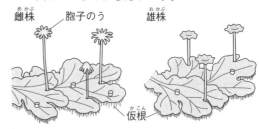

雌株　胞子のう　雄株
仮根

ゼニゴケのからだには, 葉・茎・根の区別はない。

❹(1)種子植物は子房のない裸子植物と子房のある被子植物に分けられる。被子植物は, 子葉が1枚の単子葉類と子葉が2枚の双子葉類に分けられる。

(2)図2のⓐは双子葉類の網目状に通る葉脈, ⓑは単子葉類の平行に通る葉脈を表している。

(3)ユリは単子葉類, アサガオは双子葉類, ソテツは裸子植物, イヌワラビはシダ植物である。

(4)「種子でふえるか胞子でふえるか」「花がさくかさかないか」など, ふえ方のちがいが説明されていればよい。

被子植物の分類〜双子葉類と単子葉類

	双子葉類	単子葉類
子葉	2枚	1枚
葉脈	網目状	平行
根	主根・側根	ひげ根

出題傾向

花のつくり, 果実のでき方など各部の名称が出題される。植物を分類する観点から, 種子植物, 被子植物, 裸子植物, シダ植物, コケ植物など身近な植物例を上げて特徴を整理しておこう。

❶ (1)魚類…D　ハチュウ類…E
　　ホニュウ類…C
　(2)①C　②A，E　③A
　(3)A⑦　B⑦

❷ (1)E　(2)A，D
　(3)⑦，⊕
　(4)水中で生活し，えらで呼吸している。

❸ (1)A⑦　B⑦　C⊕　D⑦
　(2)ある程度母親の体内で育ってから子がうまれる子のうまれ方。
　(3)節足動物

考え方

❶(1)Aは鳥類，Bは両生類，Cはホニュウ類，Dは魚類，Eはハチュウ類である。
　(2)①，②セキツイ動物の中で，ホニュウ類は胎生であり，魚類・両生類・ハチュウ類・鳥類は卵生である。卵生である動物のうち，魚類と両生類は水中に産卵し，ハチュウ類と鳥類は陸上に産卵する。
　③からだが羽毛でおおわれているのは鳥類である。ホニュウ類のからだは毛でおおわれている。ハチュウ類と魚類のからだはうろこでおおわれている。両生類のからだの表面は常にしめっていてうろこや羽毛，毛はない。
　(3)Aの鳥類は一生を通じて肺呼吸である。Bの両生類は幼生のときはえらと皮膚で呼吸し，成体になると肺と皮膚で呼吸する。

❷(1)Eのアサリは軟体動物であり，節足動物ではない。節足動物には，アリやバッタなどの昆虫類や，カニやエビなどの甲殻類，クモやムカデ，ヤスデなどがふくまれる。
　(2)昆虫類にふくまれるのは，アリやバッタ，カブトムシ，チョウ，トンボ，テントウムシなどである。
　(3)昆虫類は，からだが頭部・胸部・腹部に分かれ，頭部には目，口，触覚があり，胸部には3対(6本)のあしがある。昆虫類には肺はなく，胸部と腹部にある気門から空気をとり入れている。また，節足動物のなかまなので外骨格をもっている。

(4)BもEも水中で生活する動物であり，水中で生活するセキツイ動物の魚類と同様に，えらで呼吸する。なお，軟体動物の中でも陸上で生活するマイマイ（かたつむり）やナメクジなどは，肺で呼吸する。

❸(1)ⓐは鳥類，ⓑはハチュウ類，ⓒは魚類，ⓓは両生類，ⓔはホニュウ類，ⓕは軟体動物，ⓖは節足動物である。
　A鳥類・ハチュウ類に当てはまり，魚類・両生類に当てはまらないのは，卵に殻があることである。
　B鳥類に当てはまり，ハチュウ類に当てはまらないのは，体表が羽毛でおおわれていることである。
　C魚類に当てはまり，両生類に当てはまらないのは，一生えらで呼吸することである。
　D軟体動物に当てはまり，節足動物に当てはまらないのは，内臓が外とう膜に包まれていることである。
　(2)胎生は，セキツイ動物のホニュウ類の特徴である。
　(3)カニはエビやミジンコなどとともに甲殻類というグループに分類される。チョウはバッタなどとともに昆虫類というグループに分類される。甲殻類，昆虫類とクモなどの動物を合わせて節足動物という。

出題傾向

セキツイ動物・無セキツイ動物をいろいろな特徴によってグループ分けする問題がよく出る。卵生・胎生，節足動物などの基準でどのようにグループ分けできるかを，動物例をあげながら整理しておこう。

1 (1)A…空気(の量)　B…ガス(の量)
　(2)①空気の量を適量まで多くすればよい。
　　②A…イ　B…ウ
2 (1)水または水滴　(2)白くにごった。
　(3)二酸化炭素　(4)B
3 (1)イ　(2)メスシリンダー　(3)2.7(g/cm³)
4 (1)下方置換法
　(2)水にとけやすく，空気より密度が大きい。
　(3)B…アンモニア
　　C…二酸化炭素，酸素，窒素
5 (1)水素　(2)水上置換法
　(3)水に非常にとけやすい。　(4)青(色)

考え方

1 (1)ガスバーナーのしくみ

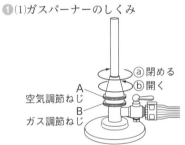

　　　　　　　　ⓐ閉める
　　　　　　　　ⓑ開く
　空気調節ねじ A
　ガス調節ねじ B

　(2)①「ガスの量を減らす。」という意味の解
　　答は誤り。「空気調節ねじを開く。」も
　　②との関連で不適切である。「酸素の
　　量をふやす。」などはよい。
2 (1)食塩 (塩化ナトリウム) は無機物で，燃え
　　ない。砂糖とデンプンは，どちらも有機物
　　であり，燃えて二酸化炭素と水ができる。
　(2)，(3)石灰水が二酸化炭素にふれると白く
　　にごる。
　(4)砂糖や食塩は水にとけるが，デンプンは
　　水にとけない。これはデンプンをつくる
　　粒が大きいためである。水にとけるため
　　には，かたまりがばらばらになって，目
　　に見えないほど小さな粒にならなければ
　　ならない。デンプンは粒が大きいので，
　　水に入れると白くにごる。
3 (1)金属Aの体積が 15.2 cm³ であるから，し
　　ずんだときの水面は，
　　40.0 cm³ + 15.2 cm³ = 55.2 cm³
　　それぞれの水面は⑦…55.0 cm³，⑦…
　　55.2 cm³，⑨…52.0 cm³，⑤…55.8 cm³
　　と読みとることができる。
　(2)メスシリンダーは「メス (測定)」+「シリ
　　ンダー (筒)」という意味である。

　(3)40.9 g ÷ 15.2 cm³ = 2.69…g/cm³
4 (1)，(2)気体の水へのとけやすさ，空気とく
　　らべた密度によって，集め方を決める。

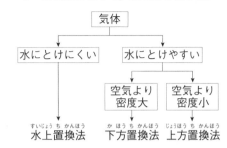

　気体
　├ 水にとけにくい
　└ 水にとけやすい
　　　├ 空気より密度大
　　　└ 空気より密度小
　水上置換法　下方置換法　上方置換法

5 (1)多くの場合，金属と酸性の液体が反応す
　　ると，水素が発生する。
　(2)水素は，密度が最も小さい気体で，水に
　　とけにくい。そのため，下方置換法では
　　集められない。上方置換法と水上置換法
　　をくらべると，ほかの気体と混ざりにく
　　く，集めた気体の量がわかりやすいので，
　　水上置換法の方が適している。
　(3)「図 2 の結果からわかる性質」であるから，
　　「水溶液がアルカリ性である。」「空気より
　　も密度が小さい。」「刺激臭がある。」など
　　の性質は解答として適切ではない。
　(4)BTB 溶液の色と水溶液の性質

黄色	緑色	青色
酸性	中性	アルカリ性

出題傾向

ガスバーナーの使い方やメスシリンダーを使っ
た物体の体積の調べ方など，身につけておこう。
有機物を燃やす実験や，気体の性質・発生方法・
集め方はよく出題される。気体の水へのとけ方，
空気とくらべた密度の大小は，特におさえてお
こう。

❶ (1)右図
　　(2)ⓦ
　　(3)①150(g)
　　②20(%)

❷ (1)硝酸カリウム　(2)再結晶

❸ (1)①溶質　②溶媒　(2)ガラス棒　(3)ⓦ

❹ (1)融点　(2)混合物
　　(3)とけている間の温度が一定ではないから。
　　(4)変わらない。　　(5)しずむ。

❺ (1)液が急に沸騰するのを防ぐため。　　(2)ⓔ

考え方

❶(1)砂糖が水にとけて目に見えなくなっても，
　　砂糖の粒子そのものは変化しないので，
　　砂糖の粒子の数をＡと同じ（９個）にして，
　　溶液全体に均一に散らばっているように
　　かき表す。
　　(2)溶液の性質(特徴)
　　　1．透明である。（色がついていてもよい。）
　　　2．どの部分もこさが同じ（均一）である。
　　　3．放置しても，1と2の状態は変わら
　　　　ない。
　　　砂糖の粒子に，水の粒子が絶えず衝突し
　　　ているので，一度とけてばらばらになっ
　　　た粒子が再びかたまりになることはない。
　　(3)①溶質と溶媒が溶液になっても，全体の
　　　　質量は変わらない。
　　　　120ｇ＋30ｇ＝150ｇ
　　　②質量パーセント濃度は，溶質の質量の
　　　　溶液全体の質量に対する割合であり，
　　　　溶質の質量の溶媒の質量に対する割合
　　　　ではない。
　　　　30ｇ÷150ｇ×100＝20
❷(1)硝酸カリウムは約80ｇ，ミョウバンは約
　　50ｇの結晶が出てくるが，塩化ナトリウ
　　ムの結晶はほとんど出てこない。
　　(2)塩化ナトリウム水溶液は冷やしても結晶
　　が得られないので，熱して溶媒（水）を蒸
　　発させることによって結晶を得る。
❸(2)液は，ガラス棒を伝わらせて，静かにろ
　　紙上に注ぐ。
　　(3)とけ残った硝酸カリウムの粒はろ紙のあ
　　なを通らないが，とけた硝酸カリウムは
　　目に見えないほど小さな粒に分かれ，ろ
　　紙のあなを通る。

❹(1)混合物にも融点があるが，一定ではない。
　　(2)純粋な物質（純物質）では，状態変化して
　　いる間の温度は変わらない。つまり，物
　　質によって決まった融点や沸点がある。
　　(3)「決まった融点が見られないから。」「温
　　度が上がり続けるから。」というような記
　　述でもよい。
　　(4)物質が状態変化すると，物質をつくる粒
　　子は変化しないが，その間隔が変化する
　　ので，体積が変化する。
　　(5)いっぱんに，液体が固体になるとその体
　　積が小さくなるので，密度が大きくなる。
　　そのため，固体のロウは液体のロウにし
　　ずむ。水は特殊な例であり，氷になると
　　体積が大きくなって密度が小さくなるの
　　で，氷は水にうく。
❺(1)「突沸を防ぐため。」「液が飛び出すのを
　　防ぐため。」というような記述でもよい。
　　沸騰石を入れておくと，加熱したときに
　　沸騰石から気泡が出るので，液の沸騰が
　　おだやかに起こる。
　　(2)液体の混合物を加熱すると，沸点が低い
　　ほうの物質の沸点の近くで温度の上昇が
　　小さくなるが，温度は上昇し続ける。

出題傾向

物質が水にとけるとはどのようなことというこ
とや，溶液の濃度を計算で求める問題がよく出
題される。計算練習をかねて，問題練習をして
おきたい。また，グラフから溶解度を読みとる
問題，再結晶の実験もおさえておこう。
物質の状態変化では，沸点・融点，蒸留が出題
の中心になる。実験を見直しておこう。

❶ (1)⑦

　(2)C，D

　(3)① 工，オ

　　 ② ⑦

　(4)右図

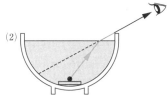

❷ (1)(光の)屈折

　(2)右図

❸ (1)A 下図

　　 B 下図

　(2)8 (cm)

　(3)24(cm)

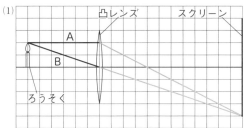

(1)
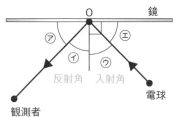

❹ (1)⑦　(2)20(cm)　(3)40(cm)

考え方

❶(1)入射角や反射角，屈折角は，それぞれ，入射した光や反射した光，屈折した光が，光の入射面に垂直な線との間につくる角である。

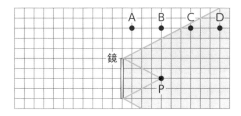

＊入射角や反射角，屈折角は，光が入射面との間につくる角ではない。

(2)光の反射の法則を利用して考える。Pから鏡のはしに向かう線を入射した光として，反射した光は入射角＝反射角として引く。鏡の反射した光が届くのは下の図に表した範囲になる。

(3)鏡にうつる範囲は，下の図のようになる。

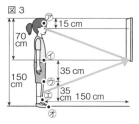

❷(2)コインから出た光は直進し，水面で屈折して目まで届く。

❸(1)光A・Bは，凸レンズを通過後スクリーン上で交わる。

　1．Bはレンズを通過後，直進する。

　2．Aはレンズを通過後，Bとスクリーンの交点に向かって進む。

(2)光Aは光軸に平行に入射しているから，凸レンズを通過後，光軸上の焦点を通る。凸レンズの中心と焦点の間は4目盛りで，1目盛りは2cmだから8cmになる。

(3)ろうそくと凸レンズの距離が12cm，スクリーンと凸レンズの距離が24cmのときにはっきりうつったので，この距離を逆にして，24cm・12cmとしてもはっきりうつると考えられる。

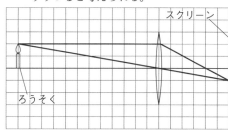

❹(1)凸レンズがつくる実像は，実物と上下左右が逆になっている。

(2)①凸レンズによる実像ができるのは，物体が焦点よりも遠くにあるとき。焦点上にあるときは像ができず，焦点よりも近くにあるときは虚像が見える。

　②実像が実物と同じ大きさになるのは，物体が焦点距離の2倍の位置にあるときである。20cm×2＝40cm

出題傾向

光の反射の法則，鏡でできる像，光の屈折のしかた，凸レンズに入射した光の進み方，凸レンズでできる像などが出題の中心になる。特に，鏡で反射した光，凸レンズによる光の像などの作図はできるようにしておこう。

❶ (1)波　(2)333(m)
　(3)(Bで記録された音はAで記録された音よりも)小さかった。

❷ (1)400(Hz)
　(2)⑦

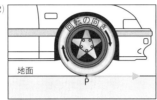

❸ (1)⑦
　(2)右図

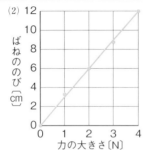

❹ (1)誤差
　(2)右図
　(3)18(cm)

❺ (1)2(N)
　(2)いえる。
　(3)下図

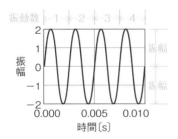

　(4)A君と同じ大きさになるように加える力を大きくする。

考え方

❶ (1)波は振動だけが伝わり，物体はその位置を変えない。
　(2)1m÷0.003s＝333.3…m/s(sは秒)
　(3)「振幅が小さいほど，音は小さくなる。」ことをふまえて正しく説明されていればよい。

❷ (1)0.01秒間の振動数が4回である。
　　→1秒間に400回振動する。

振動数 ←1→←2→←3→←4→
2
1
振幅 0
−1
−2
0.000　　0.005　　0.010
時間〔s〕

　(2)振動する弦の長さを短くすると，振動数が多くなる。音の大きさは変わらないので，振幅が同じで，振動数が多くなっている⑦を選ぶ。

❸ (1)摩擦力は，2つの物体がふれ合っている面と面の間で，物体の運動をさまたげるようにはたらく。
　(2)点Pで，タイヤが右から左へ回転することによって，タイヤは左から右へ摩擦力を受けるので，自動車は左から右へ動く。

❹ (1)，(2)測定値には誤差があるので，方眼にとった測定値を結んだ折れ線グラフにしてはいけない。
　(3)グラフから，このばねは，1.0Nの力で3.0cmのびると考えられる。
　　3.0cm×6.0＝18cm

❺ (1)，(2)物体に力が加わっていても物体が動かないとき，つり合う力がはたらいている。
　(3)力のはたらく点を1つにして作用点とする。A君がおす力とB君がおす力はつり合っているので，同一直線上にあり，向きが反対になるように矢印をかく。1Nを0.5cmとするので，2Nだと0.5×2＝1.0より，矢印の長さは1cmにする。
　(4)力の大きさが等しくないとつり合わないので，B君がおす力をA君に合わせて大きくすればよい。

出題傾向

音の世界では，音がどのように伝わるか，振幅と振動数，音の速さなどが出題の中心になる。オシロスコープで表した音の波の形に関する問題もよく問われる。
力の世界では，力の大きさとばねののびの関係，力の表し方，力のつり合いの条件などが出題の中心になる。力の大きさとばねののびの関係を表したグラフ，力の矢印などの作図問題も多いので，かけるようにしておく。

① (1)エ　　(2)A
　　(3)ⓒ
② (1)A 石基　B 斑晶
　　(2)斑状組織
　　(3)火山岩
　　(4)マグマが地表付近で短い時間で冷え固まっ
　　　てできる。
　　(5)エ
③ (1)地震計
　　(2)主要動
　　(3)①変わらない。
　　　②大きくなる。
④ (1)下図　(2)イ

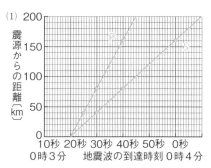
(1)

③ ①5 (秒)
　　②15(秒)
⑤ (1)大陸プレート
　　(2)B

考え方

① (1)採取した火山灰には，ごみや観察できな
　　　いほど細かい鉱物などがふくまれている。
　　　洗うときは少量の水を加えて指先を使っ
　　　ておすようにする。水のにごりがなくな
　　　るまでくり返し洗う。
　　(2)ねばりけが強いマグマからできる火山灰
　　　は白っぽく見える。これは石英や長石な
　　　どの無色鉱物が多くふくまれているから
　　　である。
　　(3)ねばりけが強いマグマからできる火山は
　　　盛り上がった形をしている。マグマのね
　　　ばりけと火山の形は図のようになる。

ねばりけ小◀━━━━━━━━━━▶ねばりけ大
固まると黒っぽい◀━━━━▶固まると白っぽい

② (1)〜(3)火山岩のつくり(斑状組織)

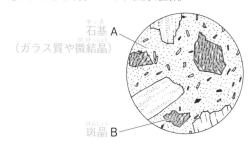

石基
(ガラス質や微結晶)　A

斑晶　B

　　(4)火山岩はマグマが急激に冷え固まってで
　　　きるため，ほとんどの鉱物は，大きな結
　　　晶になれない。
③ (1)地震計本体は，地震とともにゆれるが，
　　　おもりと針はほとんど動かないように
　　　なっているので，地震のゆれを記録する
　　　ことができる。

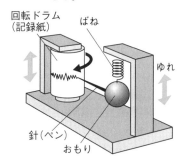

回転ドラム
(記録紙)　　ばね

ゆれ

針(ペン)
おもり

　　(3)マグニチュードが大きくなると，震源か
　　　らの距離が同じ地点での震度は大きくな
　　　るが，初期微動継続時間は変わらない。
④ (1)P波とS波の伝わる速さはそれぞれ一定
　　　なので，直線のグラフになる。
　　(2)P波とS波のグラフが横軸と交わったと
　　　ころの時刻を読みとる。
　　(3)初期微動継続時間(P波とS波の到達時
　　　刻の差)は，震源からの距離に比例する。
　　　①30 秒−25 秒 = 5 秒
　　　② 5 秒×(120 km÷40 km) = 15 秒
⑤ (2)海洋プレートに引きずられた大陸プレー
　　　トがもとにもどるときに地震が発生する。

出題傾向

火をふく大地では，マグマと火山の形，火山岩
と深成岩のつくりやでき方などが出題の中心に
なる。主な火成岩は覚えておきたい。
動き続ける大地では，震源からの距離とP波・
S波の到達時刻や初期微動継続時間の関係はよ
く出題される。地震の発生とプレートの運動に
ついてもおさえておきたい。

1 (1)①気温の変化，雨水　②侵食

(2)土砂をつくる粒の大きさによって，しずむ速さがちがうから。

(3)①隆起　②上　③柱状図　④かぎ層

2 (1)粒の角がとれてまるみを帯びている。

(2)①④　②二酸化炭素

(3)①凝灰岩　②風

3 (1)①示相化石　②示準化石

(2)あたたかく浅い海

(3)D

4 (1)Aしゅう曲　B断層

(2)A

(3)⑦

考え方

1 (1)①気温の変化によって，岩石は膨張や収縮をくり返してもろくなり，ひび割れができたりする。そこに雨水がしみることでさらに風化が進む。このほかにも，植物が根をのばしたり，小動物があなをあけたりすることも風化の原因となる。

②流水には，侵食・運搬・堆積の３つのはたらきがある。

(2)提示された語を関連づけて説明すればよい。

(3)②地層は，ふつう下から順に上へ積み重なっていくので，しゅう曲や断層などの大地の変動がなければ，上の地層ほど新しい。

④かぎ層としてよく使われるのは，化石をふくむ地層や凝灰岩の層であるが，地層の重なり方を見て，いくつかの地層の重なりをかぎ層として使うこともある。

2 (1)流水によって運ばれた土砂は，粒どうしがぶつかったり，川底にぶつかったりして，角がとれていく。

(2)①チャートのもとになっている放散虫やケイソウの殻は，石英と同じ二酸化ケイ素からできているのでかたい。

②石灰岩（石灰石）の主成分は炭酸カルシウムという物質で，うすい塩酸をかけると二酸化炭素が発生する。

(3)①火山灰は火山噴出物であるが，火山灰が堆積してできた岩石（凝灰岩）は，火成岩ではなく，堆積岩である。

②火山灰はとても小さいので，非常に高いところまで舞い上がり，地球を一周することもある。

3 (1)多くの（生態がわかっている）生物の化石は，示相化石として使うことができる。示準化石として使う場合は，その生物が短期間に栄えて絶滅し，広範囲に生息しているという条件が必要である。

(2)水温が25〜30℃のあたたかい浅い海にすむサンゴは，サンゴ礁をつくり，それが石灰岩の中などに化石として残ることがある。

(3)クサリサンゴは古生代の示準化石にもなる。古生代の代表的な示準化石には，サンヨウチュウやフズリナがある。なお，アンモナイトは中生代，ビカリアは新生代の示準化石である。

4 (2)断層が直線状になって，しゅう曲した地層を切っていることから，しゅう曲が断層よりも先に起こったと考えられる。

(3)しゅう曲は，地層が左右からおされる力によってできる。断層にはいろいろあるが，図のように，斜めの面（断層面）に沿って上側の地層がもち上がっているような断層は，左右からおされる力によってできる。

出題傾向

地層のでき方，堆積岩の種類と特徴，示相化石や示準化石からわかることなどが出題の中心になる。柱状図を比較して，地層が堆積した年代や環境を推測したり，地層の広がりと傾きなどを考えたりする問題も多い。火山灰の層や化石の層などがかぎ層になるので，それぞれの堆積した環境や年代をおさえておくことが必要である。